CAR検
自動車文化検定

公式問題集

1級
全100問

CAR検
自動車文化検定
公式問題集
1級
全100問

Contents
目次

自動車文化検定概要 ——————— 5

1級 模擬問題と解説 ——————— 7

クルマを知れば、
世界がわかる——
CAR検で自動車知識を
ブラッシュアップ！

「自動車文化検定＜Licensing Examination of Culture of Automobile and Road Vehicle＞（CAR検）」は日本初の本格的な自動車文化全般にわたる検定試験です。

　自動車についての正確な知識を持ち、これからの自動車文化の発展に資するために実施されます。

　自動車を愛するすべての人々にとって自分の知識のレベルを測る指標となります。また、自動車に関わる仕事に従事する方にとっては、スキルを向上させるための道しるべとなります。

　この公式問題集では、実際の検定試験で出題されるレベルの模擬問題を載せています。公式テキストと併せ、検定試験への準備に役立ててください。

自動車文化検定委員会

CAR検公式サイト
http://car-kentei.com

CAR検 1級 模擬問題と解説

CAR検 1級
概要

出題レベル	クルマが大好き、運転大好き、クルマを見ると即座にそのメーカーの歴史が頭に浮かぶ上級カーマニア
受験資格	CAR検2級をお持ちの方
出題形式	マークシート4者択一方式100問。100点満点中70点以上獲得した方を合格とします。

Question 001

　T型フォードが発表された年に起きた出来事はどれか。

①桜田門外の変

②愛新覚羅溥儀が清朝皇帝に即位

③ミュンヘン一揆

④五・一五事件

Answer 001

解説　T型フォードが発売されたのは1908年。ガソリン自動車が初めて走ってから、約20年を経て本格的な自動車の大衆化が始まった。

選択肢のうち、同時代なのは②しかない。中国・清朝の最後の皇帝として知られる愛新覚羅溥儀は、1908年に即位し、1912年に退位している。

他の選択肢では、①は1860年で50年近くも前のこと。③のミュンヘン一揆は1923年、④の五・一五事件は1932年に起きたもので、いずれもまったく時代が違う。

答：② 愛新覚羅溥儀が清朝皇帝に即位

Point　T型フォードは自動車史においてエポックメイキングなモデル。だいたいの時代背景は、一般の世界史の中でつかんでおきたい。

Question 002

1922年、ヴィンチェンツォ・ランチアが率いるランチアが発表したラムダは、それまでの自動車設計の常識を覆す新機構を採用していた。それはなにか。

① 後輪独立懸架

② フルモノコック・ボディ

③ 水平対向エンジン

④ 前輪駆動

Answer 002

解説 ヴィンチェンツォ・ランチア率いるランチアが、それまでの自動車設計の常識であった独立したフレームにボディを架装するといった構造を捨て、モノコック・ボディを構造を用いた"ラムダ"を発表した。

答：② フルモノコック・ボディ

Point ラムダはほかにもスライディング・ピラー式の前輪独立懸架、SOHC狭角V型4気筒エンジンを採用し、当時の水準からは大きく進歩していた。

Question 003

　1888年、ある獣医師が息子の自転車用にと、空気入りタイヤを考案して特許を取得。その後、タイヤ製造会社を設立し、自動車用のタイヤも手掛けるようになった。今でもタイヤ・ブランドにその名を残す人物はだれか。

①ミシュラン
②ピレリ
③ダンロップ
④コンティネンタル

Answer 003

解説 古くは、イギリスのR.W.トンプソンが1845年に馬車に空気入りタイヤを取り付けた。しかし作りが不完全で、速度の遅い馬車では顕著な効果がなかったため忘れ去られた。

それを再発明したのは同じイギリスのジョン・ボイド・ダンロップで、1888年のことだった。彼は息子が木製車輪の自転車の乗り心地の悪さを訴えたことから、ゴムのチューブを空気でふくらまし、キャンバスで包んでタイヤを作ったといわれる。しかし、彼は空気入りタイヤは重い車両には向いていないと考えていた。

その後フランスのミシュラン兄弟が自動車用に空気入りタイヤを製造して一般的になった。　**答：③ ダンロップ**

Point 空気入りタイヤの特許を取ったのはダンロップ。ミシュランは自動車用に転用した。

Question 004

1926年にアストン・マーティン・モータースが設立された。このマーティンは人名だが、アストンとはアストン・クリントンに由来する。このアストン・クリントンとはなにか。

① コンクール・デレガンスの名
② サーキット名
③ ヒルクライム・イベント
④ ラリーの名

Answer 004

解説 アストンとは人名ではなくイングランド南東部に広がる丘陵地帯、チルタンヒルズのアストン・クリントンで繰り広げられたヒルクライムにちなんだ名前。

ロバート・バムフォードとライオネル・マーティンの2人が1913年に創設した、バムフォード・アンド・マーティン社が最初に作ったモデルにアストン・マーティンと命名したのが始まり。このモデルは1908年製イソッタ・フラスキーニのシャシーにコヴェントリー・シンプレックスのエンジンを搭載した。

答：③ ヒルクライム・イベント

Point 創業者の片方だけ名前が使われたのが面白い。DBシリーズにそのイニシャルが使われているデイヴィッド・ブラウンが会社を買収するのは1947年のことだ。

Question 005

ガソリン・エンジンは1887年にフランスに伝わった。ダイムラー・エンジンのフランスにおける製造権を得た、フランス最古の自動車製造会社はどこか。

① ルノー
② プジョー
③ パナール・エ・ルヴァッソール
④ シトロエン

Answer 005

解説
ダイムラーが発明したガソリンエンジンをフランスでライセンス生産したのはエデュアール・サラザンで、彼は1887年にダイムラーから製造権を得た。しかし自前の工場を持たないサラザンは、友人のエミール・ルヴァッソールに製造を依頼した。

しかし、サラザンは同じ1887年の暮れに47歳の若さで突然亡くなってしまった。製造権を継承したサラザンの未亡人ルイーズが、エミール・ルヴァッソールと再婚、彼の共同経営するパナール・エ・ルヴァッソール社が、ダイムラー・エンジンのフランスにおける製造権所有者となった。

答：③ パナール・エ・ルヴァッソール

Point
ルイーズは、カール・ベンツ夫人ベルタに続いて、自動車の発達に大きく貢献したふたりめの女性である。

Question 006

1953年に登場したアルファ・ロメオ・ジュリエッタ・スプリントのデザイナーで、日本でもプリンス自動車の試作スポーツカーのデザインを手掛けたデザイナーはだれか。

① ヌッチオ・ベルトーネ
② フランコ・スカリオーネ
③ ジョヴァンニ・ミケロッティ
④ ジョルジェット・ジウジアーロ

Answer 006

解説　この2台を手掛けたのはフランコ・スカリオーネ。1952年にヌッチオ・ベルトーネによって見いだされ、この年にフィアット・アバルト1500を手掛けて才能を開花させた。出題の2台のほかにはアルファ・ロメオ・ジュリエッタ・スプリント・スペチアーレ、アルファ・ロメオ・ティーポ33ストラダーレ、エクスペリメンタルカーのBAT5、7、9などを手掛けた。ベルトーネに8年間在籍したのちデザインコンサルタントとして独立した。

答：② フランコ・スカリオーネ

Point　ヌッチオ・ベルトーネの作ではなく、ベルトーネに在籍していたスカリオーネによる。特にジュリエッタ・スプリントの成功は、アルファとベルトーネが大きく飛躍する原動力になった。

Question 007

　1480年ころ、イタリア・ルネッサンスの天才が、ゼンマイのようなものを人間が巻き上げることで力を蓄え、その復元力を使う自走車のスケッチを描いたことがある。この巨匠はだれか。

①サンドロ・ボッティチェッリ
②レオナルド・ダ・ヴィンチ
③ラファエロ・サンティ
④ミケランジェロ・ブオナローティ

Answer 007

解説

イタリア・ルネッサンスを代表する天才、レオナルド・ダ・ヴィンチは自動車も考えていた。実物は造られなかったようだが、スケッチが残されている。

弾性に富む木材でできたゼンマイを人が巻き上げ、それが元に戻る復元力を利用して推進する。5個の車輪（そのうち1輪は操舵用）のシャシーに、複数のゼンマイを備えていた。この図面に基づいて造られた模型はトヨタ博物館に展示されている。　　**答：② レオナルド・ダ・ヴィンチ**

Point

ダ・ヴィンチの考案したものの中ではヘリコプターの始祖ともいえる空を飛ぶ機械が有名だが、自動車もあった。

Question 008

ゴットリープ・ダイムラーが、自社の協力者であるイェリネックの発案で、イェリネックの愛娘の名である「メルセデス」を商標として登録したのは1902年だが、その理由はなにか。

① ダイムラー社がイェリネックの会社に買収されたから
② メルセデスという名のレースで優勝したから
③ ダイムラーだけでは高級感がないから
④ ドイツ語のダイムラーという言葉の語感が堅いと指摘されたから

Answer 008

解説

メルセデスとはエミール・イェリネックの娘の名前。

オーストリア・ハンガリー、フランス、ベルギー、アメリカでのダイムラー車の販売権を得た実業家のエミール・イェリネックは、これらの国で販売するには、ダイムラーというドイツ名が堅すぎると考え、1901年、当時11歳だった娘の名を付けることを思い立った。

答：④ ドイツ語のダイムラーという言葉の語感が堅いと指摘されたから

Point

メルセデスはスペイン系の女性の名で、当時、南欧の上流社会で流行っていた。同様にイェリネックはアウストロダイムラーにも次女のマーヤの名を付けている。

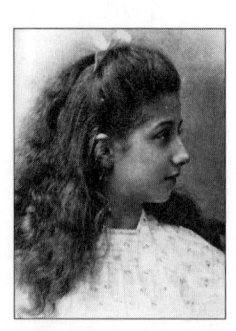

Question 009

1885年にゴットリープ・ダイムラーとウィルヘルム・マイバッハが製作した、人類史上初めてのガソリン・エンジンを動力源とした乗り物はどれか。

① 一輪車
② 二輪車
③ 三輪車
④ 四輪車

Answer 009

解説 木製フレームの二輪車に、264cc、0.5ps/600rpmのエンジンを取り付けたものだった。すなわち世界最初のガソリン自動車は、世界最初のオートバイだったのだ。

設計したのはウィルヘルム・マイバッハ。サスペンションはなく、タイヤは帯鉄を履いた木製車輪で、左右のサイドに補助輪を備えていた。 **答：② 二輪車**

Point ゴットリープ・ダイムラーの長男、パウルの操縦でバート・カンシュタットからウンタートュルクハイムまで、3kmのテストランに成功、最高速度は12km/hにも達したという。ダイムラーとマイバッハは、初め、この"ニーデルラート"を老人や身体に障害のある人々のための乗り物と考えていたようだ。

Question 010

フランスのトラクタ(1927年)、アメリカのコードとラクストン(1928年)、イギリスのアルヴィス(1926年)、ドイツのDKW(1931年)とアドラー(1932年)。これらに共通する駆動メカニズムを持つクルマはどれか。

① シトロエン・トラクシオン・アヴァン
② ポルシェ911
③ ニッサンGT-R
④ モーガン4/4

Answer 010

解説

問題のクルマに共通するメカニズムとは前輪駆動である。選択肢のなかで前輪駆動のものは、その名のとおり①シトロエン・トラクシオン・アヴァン。トラクシオンの最初のモデル、7CVは1934年に登場した。

②ポルシェ911はリアエンジンの後輪駆動、③ニッサンGT-Rは全輪駆動が特徴。④モーガン4/4はフロントエンジンの後輪駆動車。

答:① シトロエン・トラクシオン・アヴァン

Point

シトロエンを含め、1920年代後半から30年代にかけて前輪駆動が盛んに研究開発された。だが現在のように広く採用されるようになるのは、ミニが登場してから。

Question 011

　GMは1940年モデルから、ドライバーの負担を軽減する装置を、当時としては割安感のある57ドルの追加料金でオプションに設定した。まずオールズモビルに設定され、次いでキャディラックにも備わるようになった。この装置はなにか。

① クルーズ・コントロール

② リクライニング・シート

③ パワーステアリング

④ 自動変速機

Answer 011

解説 この装置とは自動変速機。GMがハイドラマティックという名称の自動変速機を、オールズモビルの1940年モデルからオプションに設定した。57ドルという料金は当時とても安価なものだった。

答：④ 自動変速機

Point オートマチック・トランスミッションの登場でアメリカでは自動車のイージードライブ化が進んだ。運転をスポーツととらえていたヨーロッパとは対照的である。

Question 012

　1936年、現在のフィアット500の始祖であるフィアット500"トポリーノ"が誕生した。この"トポリーノ"の設計陣のひとりで、後にセイチェント（600）や、ヌォーヴァチンクエチェント（500）などの名作を生み出した技術者はだれか。

①トランキッロ・ツェルビ

②ダンテ・ジアコーサ

③アントニオ・フェッシア

④カルロ・アバルト

Answer 012

解説 ダンテ・ジアコーサは、フィアットで数多くの優れた小型車を設計したことで名を残している。彼が最初に手掛けたのが1936年に誕生させた"トポリーノ"である。①トランキッロ・ツェルビはフィアットの航空部門の設計者。③アントニオ・フェッシアはトポリーノ設計当時のジアコーサの上司。④カルロ・アバルトはフィアットをベースとしたチューナーである。

答：② ダンテ・ジアコーサ

Point 1957年から1975年まで造られたヌォーヴァ500は、現在でも愛らしいと人気が高いが、2007年に登場した500もジアコーサのヌォーヴァ500を意識したデザインになっている。

Question 013

　ガソリン・エンジンを動力源とした自動車が初めて200km/hの壁を破り、イギリスのブルックランズで202.691km/hを達成したのは1909年のことだ。そのクルマを製作したのはどこのメーカーか。

① キャディラック

② ベンツ

③ ダイムラー

④ フォード

Answer 013

解説
ベンツに乗るフランス人のヴィクトル・エメリーがガソリン自動車で初めて200km/hを超えた。このクルマはグランプリ・モデルの15ℓ4気筒OHVエンジンを、速度記録用に21.5ℓ、200psにアップしたモンスターマシーン。稲妻のようなスピードという意味で"ブリッツェン・ベンツ"と呼ばれた。

答:② ベンツ

Point
当時ガソリン自動車が200km/hを超えるにはこれだけの排気量が必要だった。

Question 014

ポルシェは2005年にフォルクスワーゲンの発行済み株式の20％を取得して、VWの筆頭株主になることを目指したが、VW株は同社とは関係の深い自治体（州）も20％保有していた。その州の名前は次のうちどれか。

① シュバルツバルト州
② ウォルフスブルク州
③ ニーダーザクセン州
④ サウスカロライナ州

Answer 014

解説 2005年9月にポルシェ社がフォルクスワーゲンの発行済み株式の20％を取得して、VWの筆頭株主になった。取得価格は30億ユーロ（当時のレートで約4000億円）で、VWとの長期的な提携強化と、VWを敵対的買収から守るという狙いがあったとされている。

答：③ ニーダーザクセン州

Point ②のウォルフスブルグは州名ではなく、VWの本拠地の地名。VW株は地元のニーダーザクセン州が20％を保有しており、今回の決定でポルシェが20％を取得すれば、同州とVWが保有する自社株とあわせて50％を超えることになる。

Question 015

1896年に、イギリスにおいてガソリン・エンジン自動車に代表されるクルマの発達を阻んでいた法律が廃止された。その法律の通称名はなにか。

① 赤旗法

② 白旗法

③ ガソリン自動車禁止法

④ 助手乗車義務法

Answer 015

解説 イギリスでは1830年代に実用化した蒸気自動車に危機感を募らせた馬車業者らの圧力により、赤旗法が1861年に制定された。この法では運転手以外に（蒸気機関の）釜焚き担当の1名と、赤旗（夜間は赤ランプ）を掲げてクルマの6m前を走る1名が必要であり、速度は町中では3.2km/h以下、郊外では6.4km/h以下という極端な規制がかけられた。

答：① 赤旗法

Point イギリスではこの法のため、自動車技術の発達が遅れた。現在でも続いているロンドン-ブライトン・ランというイベントは、1896年にこの法が廃止されたことを記念する催しが発祥。

Question 016

　第二次大戦前に高速道路のアウトバーンを閉鎖して速度記録会が行われていたことがあった。1938年1月28日には、1km区間で432km/hが記録されている。この記録を作ったのはだれか。

① アウトウニオンのローゼマイヤー
② アルファ・ロメオのヌヴォラーリ
③ メルセデス・ベンツのカラチオラ
④ サンダーボルト号のイーストン

Answer 016

解説 この速度記録はメルセデス・ベンツのカラチオラと、アウトウニオンのローゼマイヤーの間で繰り広げられた。

互いに一歩も譲らず、アウトウニオンの記録をメルセデス・ベンツが更新すると、アウトウニオンのローゼマイヤーは、すぐさま再挑戦のためスタートを切った。だが、突風に煽られてクルマは道路を外れ、ローゼマイヤーは命を落とした。　**答：③ メルセデス・ベンツのカラチオラ**

Point 第二次大戦前のドイツでは国威発揚の一環として、自動車が盛んに利用された。速度記録も国力を示す絶好の場と考えられていた。

Question 017

この写真はある小型車の一部だが、なんというクルマか。

①トヨタiQ

②シトロエンC1

③フィアット500

④タタ・ナノ

Answer 017

解説

このクルマは2007年にデビューした③フィアット500。1957年に登場したヌォーヴァ500からちょうど50年後に登場した新型車だが、あえてかつてのモデルを現代的に解釈したクラシックなデザインとなっている。

最新の500は、名前は「500」でも排気量は1.2～1.4ℓとヌォーヴァの倍以上ある、パンダをベースとしたフロントエンジンのFWDモデル。外は似せても中身はまったく異なる。

答：③ フィアット500

Point

まるいヘッドライトや、ヌォーヴァにも付いていた鼻先の"ヒゲ"が特徴的。

Question 018

1934年にチェコのタトラ社が発表したタトラ77の特徴のうち、間違っているのはどれか。

①空冷水平対向エンジン
②空冷V8エンジン
③リアエンジン
④独立懸架

Answer 018

解説 タトラT77は、見るからに空力的なボディを備えた6人乗りの大型乗用車で、1933年に試作車が完成している。

Y字型のバックボーンフレームを備え、そのV字状に開いた後端に、空冷V形8気筒OHVの2970ccエンジンと4段型トランスアクスルを搭載するリアエンジン車だ。サスペンションはフロントが横置きリーフ、リアがリーフ式のスウィングアクスルという4輪独立懸架である。

答：① 空冷水平対向エンジン

Point T77の特徴はその未来的なボディデザインにある。ファストバックとなったエンジンルーム・リッドにはルーバーが切られ、その中央には"背びれ"が1枚付いていた。その進歩的なリアエンジン・レイアウトは、VWビートルに強い影響を与えた。

Question 019

1929年にニューヨークから世界的に伝播したある事件により、世界中の自動車産業はどこも影響を受けた。この世界的な事件はなにか。

① 地域紛争
② 大恐慌
③ 石油危機
④ 異常気象

Answer 019

解説
1929年10月24日、ニューヨーク株式市場で株価が大暴落し、世界規模の恐慌が起こった。この「暗黒の木曜日」によって自動車産業も大きな影響を受けた。

特に高級車市場が大打撃を受けた。それまで注文生産で少数を作っていた工房的なメーカーは、その多くが間もなく姿を消した。生き残った企業も大量生産の形態に変更するなど、構造転換を余儀なくされた。

答：② 大恐慌

Point
世界史の基本的な知識があれば、難しくはない問題。

Question 020

　自動車メーカーで飛行機の生産にも進出を果たしたところは少なくない。3基のエンジンを備え、当時（1927年ころ）開発されたばかりのジュラルミンを使った、"ティン・グース"（ブリキのガチョウ）を発売した自動車会社はどこか。

①ダイムラー・ベンツ
②BMW
③フォード
④サーブ

Answer 020

解説 フォードはクルマだけではなく、航空機の量産を計画し、これを実現するために、1925年にスタウト・エアクラフト社を買収。3基のエンジンを備えた全金属製航空機のトライモーターを、1926年から33年にかけて199機生産した。

答：③ フォード

Point ヘンリー・フォードが期待した飛行機生産だったが、販売が思わしくなかったばかりか、1929年に大恐慌が勃発したこともあり、フォードはこの機体の生産だけで航空機業界から撤退した。

Question 021

　1920年にアメリカでデューセンバーグ・モーターが創業。初のモデルとなったモデルAは、アメリカ初の直列8気筒エンジンを搭載したほか、史上初のある機構を採用していた。その機構は現代にクルマでは常識となっているものだが、それはなにか。

① ワイパー
② 方向指示器
③ パーキングブレーキ
④ 4輪ハイドローリック・ブレーキ

Answer 021

解説 デューセンバーグ・モーターのモデルAは、4輪に史上初めてハイドローリック・ブレーキを装着した。

最初に備えた量産車は、1924年のクライスラー70だった。

答：④ 4輪ハイドローリック・ブレーキ

Point ハイドローリック・ブレーキが登場する以前は、ペダルからロッド（棒）やワイヤーを介してドラム内のブレーキシューを操作する機械式だった。もっとも機械式ならオイル漏れの心配はないのだが。

Question 022

1910年にイタリアで創設されたロンバルダ自動車製造有限会社（Anonina Lombarda Fabbrica Automobile）は、現存するイタリアの自動車会社の前身となった。その会社はどこか。

① ランチア
② アルファ・ロメオ
③ マセラティ
④ フィアット

Answer 022

解説
　　ロンバルダ自動車製造社の頭文字はALFA、すなわちアルファ社である。高性能と操作性に優れたスポーティモデルを生産していたが、ニコラ・ロメオを経営者として迎え、1914年ニコラ・ロメオ技師会社となった。

　ロメオはクルマの生産を中止し、軍需品に絞って生産していたが、第一次世界大戦後の1920年にトルペード20-20HPの生産によって自動車生産を再開、このモデルからアルファ・ロメオの名が使用された。

答：② アルファ・ロメオ

Point
　　アルファ・ロメオのように、改組を繰り返してきた会社はエンブレムを見れば、その時期が特定できる。

Question 023

1932年にドイツの4社の自動車会社が統合してできたのが、現在のアウディの祖となるアウトウニオンだが、そのとき合同した4社とは、アウディ、ヴァンダラー、DKW、そしてもう1社はどこか。

① マイバッハ

② ホルヒ

③ NSU

④ タトラ

Answer 023

解説

アウディのブランドロゴである4つの輪の元となるのがこの4メーカーで、残りの一つは高級乗用車を生産していた②ホルヒ。アウディ・ブランドが再びモデル名として使用されるのは1965年から。選択肢のうち、③NSUも統合されるが、1969年になってからのことで、1932年ではなく、ロゴの由来とはなっていない。

①マイバッハはメルセデス・ベンツの上級ブランド、④タトラはチェコのメーカーである。

答：② ホルヒ

Point

ホルヒ創設者のアウグスト・ホルヒは、アウディ社の創設者でもある。"Horch"はドイツ語で「聴く」という意味があり、新会社もラテン語で同じ「聴く」の意味をもつ"Audi"と命名された。

Question 024

1928年、イギリスで発売された小型大衆車、オースティン・セヴンをライセンス生産することで、自動車生産に参入したメーカーはどこか。

①BMW
②DKW
③ダットサン
④NSU

Answer 024

解説

　二輪および航空機エンジンのメーカーであったBMWは、自動車に進出するにあたって、アイゼナハにある自動車工場を買収し、小さなオースティン・セヴンのライセンス生産を開始した。このディキシーは1929年から販売された。

　②DKWは2サイクルエンジンを得意とした二輪・小型車メーカーでアウトウニオンを形成する1ブランド。④NSUはロータリーエンジンを初めて実用化した。アウトウニオン（アウディ）と合併する。③ダットサンはよく似ているが、セヴンとは関係のない独自のモデル。

答：① BMW

Point

　今では高級車のイメージを確立したBMWだが、最初の自動車は英国車のライセンス生産モデルだった。

Question 025

1934年にシトロエンが発表した"トラクシオン・アヴァン"の特徴で、間違っているのはどれか。

① 前輪駆動
② トーションバー式独立前輪懸架
③ 油圧ブレーキ
④ 空冷エンジン

Answer 025

解説
"トラクシオン・アヴァン"は前輪駆動の意味で、モデル名は「7」。課税馬力7CVが名前となっている。最大の特徴は愛称の由来となった前輪駆動である。

エンジンは1303cc、32psの水冷4気筒OHVなので、④空冷エンジンが誤り。サスペンションは大量生産のヨーロッパ車では初めての試みとなるトーションバーによる独立前輪懸架が採用され、地上高と重心を低くできた。油圧ブレーキも採用された。　　**答：④ 空冷エンジン**

Point
"トラクシオン・アヴァン"は前輪駆動を一般大衆車に広めただけではなく数々の工学的に重要な特徴がこの1台に盛り込まれていた。

Question 026

　1894年に世界初の量産車である"ヴェロ"が誕生した。小さく、軽く、女性にも扱い易いところから大好評を博し、1898年までに1200台が造られた。このクルマを製造した会社はどこか。

①ベンツ

②ダイムラー

③パナール・エ・ルヴァッソール

④プジョー

Answer 026

解説 　1894年にベンツが発売した"ヴェロ"は、単気筒1050cc、1.5ps／700rpmのエンジンを座席後方の下に装備したモデルだ。"ヴェロ"はフランス語で自転車のことで、自転車のように手軽に使える軽快な車、という意味だった。

答：① ベンツ

Point 　"ヴェロ"はひとりベンツのヒット作となったばかりでなく、欧州諸国やアメリカへも輸出され、海外でライセンス生産も行われた。成功したものには必ず模倣者が現われるもので、世界中の道路をベンツのコピーが走り回ったという。

Question 027

1924年に世界初の自動車専用ディーゼル・エンジンを試作し、アムステルダム・ショーでトラックとして発表、1926年から市販を開始したディーゼル・エンジンの先駆者的存在は次のどれか。

① フォード

② ダイムラー

③ ボルボ

④ MAN

Answer 027

解説 世界初の自動車専用ディーゼルエンジンを試作したのは、ドイツのダイムラー社だ。圧縮点火エンジンはドイツのルドルフ・ディーゼルによって発明され、1894年に特許を取得している。

ルドルフ・ディーゼルは1913年に、イギリスに商談に向かうためにフェリーで英海峡を渡る際に失踪した。

答：② ダイムラー

Point 世界初のディーゼルエンジン乗用車を完成したのがメルセデス・ベンツであることは記憶しておきたい。

Question 028

　1902年に誕生した"ローナー・ミクステ"は、発電用の水平対向4気筒ガソリン・エンジンを搭載、左右前輪に組み込んだハブモーターがタイヤを駆動するハイブリッド車である。これを完成させた技術者はだれか。

①フェルディナント・ポルシェ

②カール・ベンツ

③ルドルフ・ディーゼル

④エミール・ルヴァッソール

Answer 028

解説

フェルディナント・ポルシェは、1899年に世界初の4輪ハブモーター駆動の電気自動車、ローナー・ポルシェを完成。1902年にはローナー・ポルシェ・ミクステと呼ばれる改良型を完成させた。

これは、フロントに発電用のアウストロダイムラー製水平対向4気筒ガソリンエンジンを搭載、これで発電機を搭載し、発電機から得られる電気をバッテリーに充電した。左右前輪に組み込んだ17.5psのハブモーターを駆動し、スムーズな加速で55mph（約90km/h）に達し、オーストリアでは多くの上流階級が購買した。

答：① フェルディナント・ポルシェ

Point

ローナー・ポルシェ・ミクステは、まさしく現在のハイブリッドカーの始祖だ。ポルシェは電気自動車を製作したとき、バッテリーに頼っていては重量が嵩張るばかりか、1回の充電で走行できる距離が短いという根本的な問題に気づいていたのだ。

Question 029

　カール・ベンツが製作した最初のガソリン三輪車が、技術者の自己満足でも、玩具でもないことを実証したのはベンツ夫人ベルタと、2人の子供たちだった。夫人と子供たちは何をして実証したか。

①博覧会でテスト走行をした

②馬車とレースをした

③毎日、買い物と通学に使った

④長距離の旅行に使った

Answer 029

解説 ベルタ夫人と2人の子供は、当時としては破天荒な大旅行をやってのけたのだ。早朝、カール・ベンツが起床しないうちに三輪車を引き出してマンハイムを出発、直線で65kmほど離れたフォルツハイムへ向かった。

途中、薬局で燃料のベンジンを入手したり、路上で修理をしたりしながら、夜になって無事目的地に到着した。

答：④ 長距離の旅行に使った

Point フォルツハイムは小さな町で、彼女たちの噂は町中に広まり、大勢の人々が"馬なし馬車"を見に集まってきた。そのほとんどは彼女たちの快挙を称賛した。一方、置いてきぼりを食ったカール・ベンツは、「初め大いに腹を立てたが、やがてこの家族の快挙を秘かに誇るようになった」という。

Question 030

日米の自動車貿易不均衡に呼応して、1980年1月に「1982年から現地生産する」と発表した日本の自動車メーカーはどこか。

①トヨタ

②日産

③ホンダ

④いすゞ

Answer **030**

解説 アメリカのメーカーや労働組合は日本車の急進出に危機感を抱いており、日本車を叩き壊すパフォーマンスまで行われた。もし世界最大の自動車市場たるアメリカへの進出を続けるなら、輸出から現地生産の切り替えは必須であった。

そしてその口火を切ったのは本田技研で、「オハイオ州ですでに稼働中の二輪車工場の隣に四輪車工場を新設し、1982年から現地生産する」と発表した。　**答：③ ホンダ**

Point 1980年のわが国の乗用車生産は703.8万台に達し、637.6万台のアメリカを抜き去って初めて世界一の座に就いた。この時点ではトヨタも日産もまだアメリカでの現地生産にはきわめて慎重な態度をとっていたが、水面下で着々と準備していた。

Question 031

1953年5月、後に「0回東京自動車ショウ」と呼ばれる「自動車産業展示会」が開催された。この自動車産業展示会の会場はどこか。

① 日比谷公園

② 上野公園

③ 神宮外苑絵画館前

④ 後楽園球場

Answer 031

解説 日本で初めて開催された自動車ショーが、バス事業50周年を記念して行われた「自動車産業展示会」だ。会場は東京の上野公園だった。

答：② 上野公園

Point この成功が、翌1954年に日比谷公園で開催された「第1回全日本自動車ショウ」に繋がった。

Question 032

　1967年、東洋工業はロータリー・エンジン搭載のマツダ・コスモ・スポーツを発売した。ロータリー・エンジン搭載車について記されたことで間違っているのはどれか。

①ロータリー・エンジン搭載車の第1号は
　NSUヴァンケル・スパイダー
②NSUヴァンケル・スパイダーはシングルローター
③2ローターを搭載したのはNSU Ro80のほうが
　コスモより先
④ダイムラー・ベンツは生産化を断念

Answer 032

解説　コスモ・スポーツは世界初の2ローター・ロータリーエンジンを搭載した生産車だった。これ以前に市販されていた世界初のロータリーエンジン搭載車であるNSUヴァンケル・スパイダーはシングル・ローターだった。

答：③ 2ローターを搭載したのはNSU Ro80のほうがコスモより先

Point　NSU Ro80は、コスモに少し遅れて登場した2ローター・ロータリーエンジンを搭載した前輪駆動の4ドアセダン。マツダはコスモ以降、1968年7月にファミリア・ロータリー・クーペを、翌69年10月にルーチェ・ロータリー・クーペを発売した。

Question 033

この写真のクルマは1962年の東京モーターショーに出品された大衆車の試作車(プロトタイプ)だが、以下のどれか。

① マツダ1000

② スズキ試作車

③ ニッサン・サニー

④ 三菱コルト1000

Answer 033

解説 これはスズキの試作車。いっさいのスペックが発表されなかったが、後に登場するフロンテ800の初期試作車であった。

また東洋工業もマツダ1000と名付けられた試作車を発表した。こちらは4気筒OHVの977ccエンジンを搭載したフロントエンジン・リアドライブ車で、後のファミリアになった。

答：② スズキ試作車

Point この写真はモーターショーのブースの様子だ。フロンテ800は2ストローク3気筒のエンジンを搭載した前輪駆動車だった。

Question 034

日本で最初の国産自動車が製作されたのは1904年のことだ。乗合自動車として使うため山羽虎夫が製作したが、そのクルマの動力源はどれか。

① 外国から購入したガソリンエンジン

② 自製したガソリンエンジン

③ 外国から購入した蒸気機関

④ 自製した蒸気機関

Answer 034

解説
岡山市で電機工場を営んでいた山羽虎夫は、明治37年に山羽式蒸気自動車を完成させた。
神戸在住の外国人技師のアドバイスを得て、1903年秋からエンジンの製作に着手、ボイラーの組み立てに必要な鉄板溶接ができる工場がないなどの制約があったが、溶接に代えてボルトで接合するなどの工夫を凝らし、2気筒25hpの蒸気エンジンを完成させた。

答：④ 自製した蒸気機関

Point
情報が少ないなかでの創意工夫によって完成にこぎ着けた山羽虎夫にとって、最大の難関は自製できないタイヤだった。ソリッドタイヤを履いたが、タイヤがリムから外れるというトラブルに悩まされ続け、初走行では約10kmを走るだけで精一杯であった。結局、要求にあったタイヤが入手できないことから、クルマは倉庫に放置されたままとなった。

Question 035

1924年、関東大震災からの復興のため、東京市はフォードTT型シャシーを緊急輸入し、11人乗りのバスボディを架装して公共交通機関とした。このバスはニックネームで何と呼ばれたか。

① 円太郎バス
② 赤バス
③ 市バス
④ 青バス

Answer **035**

解説 明治時代の乗合馬車の御者を落語家の4代目橘家圓太郎がまねしたことが好評だったことから、乗合馬車は「円太郎」と呼ばれていた。TT型バスがこの乗合馬車を連想させたことで、市営バスも「円太郎バス」と呼ばれた。　　**答：① 円太郎バス**

Point 円太郎バスによる東京市の市電の代替運送が、現代の都バスのルーツだ。ちなみに青バスとは、東京市内で市電とはライバル関係にあった東京乗合自動車が経営する乗合バスのこと。青バスは、車掌に10代後半〜20代後半の若い女性を採用し、これも好成績のゆえんだった。

Question 036

昭和37年の、日本の人口1000人あたりの乗用車普及率はどれほどか。ちなみに平成14年の自家用車普及率は全国平均で1世帯当たり1.1台という統計がある。

① 4.9台
② 9.4台
③ 12.4台
④ 15.9台

Answer 036

解説 昭和37（1962）年の乗用車生産は、対前年比7.73%増の26万8784台で、日本の乗用車普及率は人口1000人あたり9.4台だった。

答：② 9.4台

Point 人口1000人あたり9.4台ということは、今日の1/50ほどということになる。

Question 037

1961年の東京モーターショーに出品されたこのクルマはなにか。

① プリンス・スカイライン・スポーツ・クーペ

② ヤマハGT

③ トヨペット・スポーツX

④ 日野プロト

Answer 037

解説 このクーペはトヨペット・スポーツXだ。クラウン用の1900cc4気筒エンジンを搭載し、日本でイタリア風のボディを着せた試作車だ。

答：③ トヨペット・スポーツX

Point このショーでは、日産がフェアレディSP310を、プリンスがミケロッティがデザインしたスカイライン・スポーツを公開している。

Question 038

1925（大正14）年、神奈川県横浜に工場を建設し、日本でのノックダウン生産を開始した欧米のメーカーはどこか。

①フォード

②シボレー

③フィアット

④オースティン

Answer 038

解説 1924（大正13）年、神奈川県横浜に日本フォード自動車が設立された。翌年からT型のノックダウン生産を開始した。

1927（昭和2）年には、大阪でGMが生産を開始。日本の自動車市場はアメリカ車に独占されていった。

答：① フォード

Point かつて横浜の日本フォードがあった敷地には現在、マツダの研究施設などがある。

Question 039

明治43（1910）年に、日本で初めてのオーナードライバーの団体である日本自動車倶楽部が発足した。このクラブは同時に上流階級の社交団体でもあった。それではこの頃の日本の自動車保有台数はどれくらいか。

① 　12台
② 　121台
③ 　1210台
④ 12100台

Answer 039

解説 日本でも次第にクルマが増えてきたことで、自動車所有者の団体を結成しようとの機運が高まり、イギリス留学から帰国した大倉喜七郎を中心にして日本自動車倶楽部が発足。会長には大隈重信伯爵が就任した。

答：② 121台

Point クルマが増えたといっても、この年、日本の自動車保有台数は121台だった。

Question 040

マスキー法（Muskie Act）とは、米国で1970年12月に改定された大気汚染防止のための法律の通称名だが、1972年にこれを初めて達成したメーカーはどこか。

① マツダ
② ホンダ
③ フォード
④ メルセデス・ベンツ

Answer 040

解説　ホンダのCVCCエンジンが世界で初めてこの基準をクリアしたことで、達成不可能と猛反対を受けていたマスキー法が技術的にはクリアできる見通しがついた。

答：② ホンダ

Point　日本ではマスキー法の成立を受け、中央公害対策審議会での審議が始まり、1978年からはマスキー法で定められた基準と同じ規制である昭和53年規制が実施された。

Question 041

1969年、アメリカの『ニューヨーク・タイムズ』が、日本のメーカーによるクルマの秘匿回収を報道したことが発端となり、日本でも大きな社会問題となったのはどれか。

① 欠陥車問題
② 排ガス問題
③ 衝突安全問題
④ 耐久性問題

Answer 041

解説
『ニューヨークタイムズ』が、日産とトヨタの欠陥車秘匿回収を報道。
　ブルーバード、コロナの秘密回収、および対米輸出車の構造・部品・材質などの欠陥を公表したことから、日本でも欠陥車問題がクローズアップされた。

答：① 欠陥車問題

Point
日本では運輸省が日産・トヨタの欠陥車種を公表するとともに、総点検と修理を指示し、欠陥車リコール制度が発足した。この時、『ニューヨークタイムズ』が問題を提起しなかったら、欠陥車問題が明らかになるのはもっと後になっていたかもしれない。

Question 042

アメリカ・ホンダが1960年代の中頃に行った「ナイセストピープル・キャンペーン」は、ある商品のアメリカでのユーザーの意識改革を行うためだった。その商品とはなにか。

① オートバイ

② スポーツカー

③ 携帯型発電機

④ 農耕用トラクター

Answer 042

解説

1960年代中頃のアメリカでは、オートバイは一般的な乗り物ではなく、特にアウトローを連想させるので嫌悪感を抱く人たちが少なくなかった。

オートバイが主力商品であったアメリカ・ホンダは、販売台数を飛躍的に増やすには、オートバイに乗る人たちの社会的評価と、ホンダの知名度をさらに高めていくことが不可欠と考え、"You meet the nicest people on a HONDA（素晴らしき人々、ホンダに乗る）"をキャッチコピーとする広告キャンペーンを全米で展開した。

答：① オートバイ

Point

主婦や親子、若いカップルといった"nicest people"が、さまざまな目的でスーパーカブに乗る姿を描いた色彩鮮やかなイラストを用いたこの広告は、現在でも優れた広告の一例として、しばしば引き合いに出される。

Question 043

フランスで好調な売れ行きを示したルノー4CVは、日本でも1953年からライセンス生産された。ライセンス生産したのはどこの会社か。

①日産自動車

②日野自動車

③ダイハツ工業

④日仏自動車

Answer 043

解説
1953年に日野、日産、いすゞの3社が、海外メーカー車の生産を開始した。日野ヂーゼル工業（現：日野自動車工業）は、1953（昭和28）年にフランスのルノー公団と技術提携しルノー4CVのノックダウン生産を開始、4月には販売を開始した。

当初は輸入品が多かった部品の国産化比率は年々高まり、1958（昭和33）年8月には完全な国産化を達成している。

答：② 日野自動車

ルノー日野PA-57型

Point
現在でも年配の人は、ルノーの名を聞くとすばしこい走りで町を疾走していた4CVの姿を連想するそうだ。日野はルノー4CVの組み立てから学んだ経験を生かし、完全な自社開発であるコンテッサ900を1961年発売、1964年にはその発展型であるコンテッサ1300を発売している。

Question 044

2002年は2005年から実施される平成17年度規制の対策コストを要するため、少量生産車、なかでもスポーティーモデルの生産・販売が打ち切られたものが多かった。それに該当しないものはどれか。

①トヨタ・スープラ
②ニッサン・シルビア
③ホンダ・プレリュード
④トヨタ・セリカ

Answer 044

解説

2005年に施行された平成17年度規制はそれまで別個に行っていた試験モード、10・15と11モードを合わせた形で行い、しかもそれまでのHCがNMHC＝非メタン炭化水素の測定に変わるなど、一段と厳しいものになった。

これをクリアするには多大なコストと手間を要するため少量生産車、すなわちスポーティーモデルは存続が難しくなり、準備段階である2002年前後に生産・販売を終了するモデルが相次いだ。なんとかこの大波を乗り切ったのがセリカだったが、2006年には販売不振が理由でこちらも生産中止の憂き目に遭っている。

答：④ トヨタ・セリカ

Point

平成17年度規制はガソリン、ディーゼルそれぞれに適用され、軽自動車には平成19年規制がかけられている。今後もますます規制強化が予想されるので、規制の内容については注意していきたい。

Question 045

日本の四輪車国内生産が最高の1349万台となった年はいつか。

①1970年

②1980年

③1990年

④2000年

Answer 045

解説　1955年にわずか6.9万台だった日本の国内四輪車生産台数は、1990年に1349万台にまで増加した。しかし、それをピークに国内生産台数は減少している。

その代わりに伸びたのが海外生産台数で、1990年の326万台が2006年には1097万台にまでふくれあがっている。

日本の四輪車輸出台数が最大となったのは1985年で、673万台を数えている。このような急成長が経済摩擦を呼び、現地生産の必要性が高まった。また開発途上国の自動車国産化政策に対応する意味もあって、日本の自動車産業は海外進出を加速させていったのである。

答：③ 1990年

Point　戦後の日本の自動車産業を、国内での販売増加、輸出の急成長、生産拠点の海外移転という流れで理解しておこう。

Question 046

豊田自動織機製作所は1933年に自動車部を発足させ、1935(昭和10)年に同社初の試作車、トヨダA1型を完成した。それはどんなクルマか。

①トラック

②バス

③乗用車

④軍用四輪駆動車

Answer 046

解説

豊田自動織機製作所が開発したトヨダA1型は、直列6気筒の3400ccエンジンを搭載した乗用車の試作車。この生産型であるトヨダAA型が昭和11年（1936年）9月に行われた"トヨダ大衆車完成記念展覧会"で発表された。

ボディスタイルはこの2年前にデビューしたエアフローにヒントを得ている。

答：③ 乗用車

Point

自動車生産計画のリーダーは豊田佐吉の長男の喜一郎で、喜一郎は自動車技術に関しては優れたセンスと豊富な知識を持っていたという。エンジンは1933年シボレーをコピーしているが、これはシボレー用の部品との互換性を持たせることによって、整備性を高める狙いがあったいわれている。渦流を発生させるよう工夫を凝らした吸気ポートの採用で、シボレーより出力が高くなっている。

Question 047

1984年2月から、日産が座間工場でライセンス生産したサンタナとは、どこのメーカーのクルマか。

①アウディ

②フォルクスワーゲン

③フォード

④クライスラー

Answer 047

解説 　日産は1981年4月にVWとの間で、パサートから派生したサンタナに関する生産技術提携を結び、VWからエンジン、トランスミッション、シャシーを供給を受けて日産の座間工場で組み立てを開始、1984年2月に1号車がラインオフした。

答：② フォルクスワーゲン

Point 　輸入車の雰囲気がありながら、ずっと安価な200万円台で販売されたために人気を博した。現在はルノーと資本関係のある日産が、かつてはVW車を組み立てていたことは記憶しておきたい。

Question 048

2007年の東京モーターショーに出展されたコンセプトカーのうち、燃料電池を動力としていたのはどれか。

① ホンダ PUYO

② トヨタ iQ CONCEPT

③ マツダ nagare

④ ニッサン PIVO2

Answer 048

解説

2005年までの東京モーターショーには多くの燃料電池コンセプトカーが出展されたが、2007年にはそれほど多くのモデルは登場していない。市販化にはまだ時間がかかりそうだということもあって、ハイブリッドやクリーンディーゼルの展示が多くなっていた。

その中にあって、ホンダはハイブリッドとともに燃料電池車を環境技術の重要な柱として位置づけている。燃料電池車では、ほかにFCXを展示していた。

②はその後のジュネーブショーで市販モデルが発表され、ガソリンエンジンかディーゼルエンジンが用意されるという。

③は次世代ロータリーエンジンを搭載する。

④は電気自動車である。　　**答：① ホンダ PUYO**

Point

PUYOは純然たるコンセプトカーだが、このようなフォルムは燃料電池を動力とすることが前提となってデザインされている。

Question 049

日本の新しい排出ガス測定モードで、2011年3月まで10・15モードと混在するものの、その後はこれに一本化されるものを何と呼ぶか。

①10・16モード

②2012クリーンモード

③JC08モード

④ジャパンモード

Answer 049

解説
　2011年4月より新試験モードとしてJC08モードに変更されることになっている。現在、普通自動車の燃費測定には10・15モード燃費が用いられているが、実際の使用条件とかけ離れているために、実際との差が大きいと指摘されていた。
　JC08モードでは、実際の走行パターンに近くなり、測定時間も長くなったほか、平均時速も高くなり、最高速度も70km/hから80km/hに引き上げられている。

答：③ JC08モード

Point
　JC08モード燃費は、10・15モードよりもカタログ上の数字は低下する。新車の場合は、2009年10月1日以降ではJC08モードの表示が義務付けられるが、2012年までは10・15モード燃費の表示もできることになっており、当面は併記されるはずだ。

Question 050

メルセデス・ベンツが開発しているクリーンディーゼルの名はどれか。

① TDI
② HDi
③ BLUETEC
④ iDTEC

Answer 050

解説
メルセデス・ベンツは以前からディーゼルエンジンを搭載したモデルを持っているが、2005年に発表されたBLUETECは新しい排ガス浄化技術を指す。

尿素を使って窒素酸化物を削減し、酸化触媒やDPFと組み合わせて排出ガスをガソリン車並みにクリーンにするとしている。この構想には、フォルクスワーゲンとアウディも参加している。

①はフォルクスワーゲン／アウディ、②はプジョー、④はホンダが使用するディーゼルエンジンの名称。

答：③ BLUETEC

Point
BLUETECにはマイルドハイブリッドシステムと組み合わせたモデルもあり、2010年以降に発売が予定されている。

Question 051

ETC専用レーンを強行突破した場合に適用される罪名はなにか。

① 窃盗

② 公務執行妨害

③ 道路交通法違反

④ 道路整備特別措置法違反

Answer 051

解説 　道路整備特別措置法とは、料金の徴収をともなう道路の親切、維持、管理などについて定めた法律である。「通行方法の指定違反」ということで罪に問われる。

　強行突破ではなく、ETCの車載器を不正に使用するなどして実際より安い料金で通行していた場合には、詐欺、あるいは電子計算機使用詐欺に該当する場合もある。

答：④ 道路整備特別措置法違反

Point 　道路整備特別措置法は2006年に改正され、これにより30万円以下の罰金が科せられる。また通常料金の3倍の金額を請求される。

Question 052

2008年、フォードがジャガーとランドローバーの経営権を譲渡したのはどこか。

① 韓国のヒュンダイ

② インドのタタ

③ 中国の神龍汽車

④ 米国のサーベラス・キャピタル・マネジメント

Answer **052**

解説 フォード・モーターは、2008年3月26日、傘下のジャガーとランドローバーの営業権をインドのタタ・モーターズ(TTM)に売却すると正式に発表した。

TTMは、2008年1月に30万円以下の激安小型車を発表して話題になったインドの大手自動車メーカーで、その親会社は、通信、食品、出版など手広く手がけるインド大手財閥だ。両ブランドあわせて約23億ドル(約2300億円)。2008年6月までに、正式な売却手続きを完了する見通しだ。

答:② インドのタタ

Point フォードは1987年にアストン・マーティンを、89年にジャガーを、2000年にランドローバーを買収した。だがフォードが業績不振に落ち板ことから、2007年3月にはアストン・マーティンを投資家グループに売却している。今回、フォードはTTMから23億ドルを得るが、それはジャガーとランドローバーを買収したときの半分にも満たない額だ。

Question 053

中国の自動車市場に関して、正しい記述はどれか。

① 2007年の自動車販売台数は前年比21.9％増

② 2007年の自動車販売台数は1000万台超

③ 2007年の自動車販売台数はアメリカ、日本に次ぎ世界3位

④ 商用車の販売台数が乗用車を上回っている

Answer 053

解説

2007年の中国の自動車販売台数は前年比21.9％増で、約879万台となった。アメリカは1615万台で1位、日本は約532万台で3位である。中国は2006年に日本を抜いて世界第2位の自動車販売台数となった。

特にセダンの販売が好調で、全体の約54％を占めている。2008年に入っても販売は好調を維持しており、1000万台超が確実視されている。

答：① 2007年の自動車販売台数は前年比21.9％増

Point

2001年に中国がWTOに加盟して以来、生産台数、販売台数ともに6年連続で二桁の成長を続けている。

Question 054

次のうち、2008年のジュネーヴ・ショーに出展されたクルマはどれか。

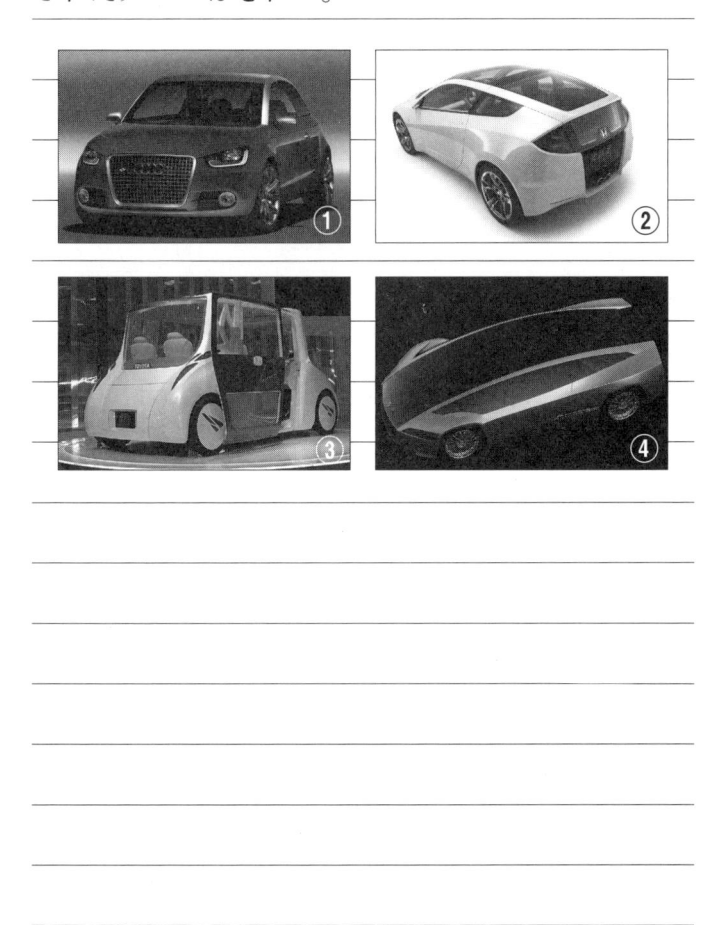

Answer 054

解説

①から③は、すべて2007年の東京モーターショーに出展されたコンセプトモデル。

①はアウディのmetroproject quattro。

②はホンダのCR-Z。

③はトヨタのRiN。

④はジュネーヴ・ショーにイタルデザインが出展したコンセプトカーのQuarantaである。イタリア語で40を意味するネーミングで、イタルデザインが創業40周年を迎えることから名付けられている。トヨタ製のハイブリッドシステムを搭載している。

答:④

Point

東京モーターショーはもちろん、海外のショーもウェブなどですぐに情報が手に入る。代表的なモデルはチェックしておきたい。

Question 055

2008年1月に"3000ドルカー"「ナノ」を発売した自動車メーカーはどれか。

① トヨタ

② マルチ・ウドヨグ

③ タタ

④ ダチア

Answer 055

解説

ナノはインドの自動車メーカーであるタタが2008年1月に発表した小型車である。価格は10万ルピーで、日本円では30万円以下ということになる。

インドではマルチ・ウドヨグ（スズキのインドにおける子会社。2007年にマルチ・スズキ・インディアに名称変更した）のマルチ800が安価な小型車として人気だったが、これは約20万ルピーだった。

ナノは全長3.1m、全幅1.5mで、日本の軽自動車よりも小さい。623ccの2気筒エンジンをリアに搭載し、最高時速は10km/hとされる。

答：③ タタ

Point

ダチアはルーマニアの自動車会社で、ルノーの子会社。低価格な小型車ロガンを製造している。

Question 056

明治時代にクルマにまつわる言葉を"しこ名"にした力士がいた。その"しこ名"はどれか。

① 走り山一太郎

② 円陣強太郎

③ 自動車早太郎

④ 歯車硬太郎

Answer 056

解説 戦前までの相撲界では、今では考えられないような珍妙なしこ名が通用していたらしい。大車輪松五郎、電信大吉、突撃進、器械舟源吾、自転車早吉、軽気球友吉と、とてもまじめに付けたとは思えないしこ名が並んでいる。

この中では③の自動車早太郎が実在した力士で、序二段まで進んだようだ。

答：③ 自動車早太郎

Point ちょっとした雑学の問題。本線の歴史とは関係がないが、クルマに関する雑多な知識を貯えておくのも楽しい。

Question 057

映画『ダ・ヴィンチ・コード』で、ロバート・ラングドンとソフィー・ヌヴーがルーブル美術館から逃走する時に使ったクルマはなにか。

① ランボルギーニ・ムルシエラゴ

② ルノー2CV

③ シトロエンDS

④ スマート

Answer 057

解説

原作はダン・ブラウンの推理小説で、日本では2004年に発売され、単行本・文庫本の合計で1000万部以上を売り上げたベストセラー。トム・ハンクス主演で映画化され、これも大ヒットした。

主人公の象徴学者ロバート・ラングドンが暗号解読官のソフィー・ヌヴーとともにルーブル美術館から逃走するシーンでクルマが使われた。

パリの狭い路地を小さなスマートで逃走するシーンは、カーチェイスとしてもよくできていた。　**答：④ スマート**

Point

小説の日本語訳では「スマートカー」と表記されていたが、映画では確かにシルバーのスマート・フォーツーが登場していた。

Question 058

映画『激突！』でタンクローリーに追い回される主人公が乗るクルマはなにか。

① プリマス・バリアント

② フォード・ファルコン

③ シボレー・コルベア

④ ダッジ・チャレンジャー

Answer 058

解説 『激突！』はスティーブン・スピルバーグが1971年に制作したテレビ映画。25歳の時の作品である。原作・脚本は、リチャード・マシスン。

平凡なサラリーマンがハイウェイでタンクローリーを追い越したことで、その後執拗に追い回される恐怖を描いた。

プリマスはクライスラーの大衆車ブランドで、プリマスは1960年に登場したコンパクトカー。ごく普通のクルマとして選ばれたのだろう。　**答：① プリマス・バリアント**

Point プリマスは2002年にクライスラーの戦略見直しによりブランドが消滅しており、現在では販売されていない。

Question 059

　現在、日本国内で販売されるディーゼル車には、通称"新長期規制"と呼ばれる"平成17年排出ガス規制（ディーゼル車）"がある。従来の"新短期規制値"と比較して、トラックやバスなどでは、粒子状物質（PM）が85％、窒素酸化物（NOx）が40％削減される。では、炭化水素（HC）はどれだけの削減を求められているか。

①50％

②60％

③70％

④80％

Answer 059

解説
ディーゼル車の排出ガス規制は、短期規制（1993年）→長期規制（1997年）→新短期規制（2002年）→新長期規制と、段階的に厳しくなってきた。

新長期規制では、トラック・バスの場合で従来に比べて炭化水素（HC）の80％削減が義務づけられることになった。

これにより、すべての自動車が規制に適合したと仮定すると、HCの自動車からの総排出量が93％削減されることになる。

答：④ 80％

Point
2009年の10月からはさらに規制が強化されることが決まっており、これが「ポスト新長期規制」と呼ばれている。

Question 060

次のうち、道路特定財源に含まれないのはどれか。

① 揮発油税

② 自動車税

③ 自動車取得税

④ 自動車重量税

Answer 060

解説

　　道路特定財源制度とは、自動車の所有者が道路の建設や維持の費用を負担するという趣旨で作られた。

　揮発油税、地方道路税、石油ガス税、自動車重量税、軽油引取税、自動車取得税などが該当する。1974年から暫定措置として税率が上乗せされているものがあり、たとえばガソリン1リッターにつき25.1円が暫定税率として適用されていた。

　暫定税率の廃止、一般財源化への動きなどがあり、国会での議論が行われた。

答：② 自動車税

Point

　　自動車所有車に課される地方税である自動車税、軽自動車税は一般財源であり、使途は限定されていない。

Question 061

飲酒により正常な運転が困難な状態で自動車を走行させ、人を死亡させた場合の罪名はなにか。

①道路交通法違反

②業務上過失致死傷罪

③危険運転致死傷罪

④殺人罪

Answer 061

解説

　　交通事故により人を怪我させたり死亡させたりした場合、故意犯ではないということで殺人罪を適用することができない。それで、以前は業務上過失致死傷罪として処理されてきた。

　しかし、悪質なひき逃げ事故などに対して、5年以下の懲役刑である業務上過失致死傷罪では軽すぎるという議論が起こり、2001年に危険運転致死傷罪が成立した。

　量刑は、死亡事故では1年以上20年以下、負傷事故では15年以下の懲役となっている。

　飲酒や薬物の使用などで正常な運転が困難な状態で自動車を走行させて事故を起こした際には、この法律が適用される。

答：③ 危険運転致死傷罪

Point

　　信号無視、無免許での運転、幅寄せ、コントロール困難な高速での走行なども、この法律が適用される要件となる。

Question 062

1933年に首相に就任したアドルフ・ヒトラーは、人気取り政策として、国民車の製作構想を推進した。ドイツ国民が、KdF（VWビートル）を手に入れるために求められた行為とはなにか。

①購入価格に相当する社会労働奉仕

②定額貯金

③生産会社の株式を購入

④一定期間の兵役

Answer 062

解説 ドイツ国民はKdFを買うために定額貯金することが求められ、発表と同時に27万人が応募したという。この数は当時のオペルの年産の3倍に当たる。

1941年に戦争が始まると、KdFは軍用車に転用されて、ヒトラーは国民の自動車貯金を踏み倒すことになった。

答：② 定額貯金

Point 1961年、貯金を踏み倒された人々から提訴されたVW社は敗訴し、600マルク値引きしてVWを売るか、現金で100マルクを返済することになった。

Question 063

　1951年、ニューヨーク近代美術館（MoMA）において、史上初の美術館によるクルマ企画展といわれる「8 Automobiles—自動車の美学展」が開催された。展示されたのは、メルセデス・ベンツ SS（1930年）、ベントレー・ジェイムズ・ヤング4 1/4リッター（1939年）、タルボ・ラーゴ・フィゴニ・エ・ファラシT150C-SS（1939/7年）、コード（1937年）、リンカーン・コンチネンタル（1941/40年）。このほか下記の中で選ばれなかったクルマはどれか。

①チシタリア202ピニンファリーナ（1949年）
②フェラーリ166MMバルケッタ（1949年）
③ウィリス・ジープ（1951/41年）
④MG TC（1948年）

Answer 063

解説
ニューヨーク近代美術館（MoMA）に展示されたのは、メルセデス・ベンツ SS（1930年）、チシタリア202ピニンファリーナ（1949年）、ベントレー・ジェイムズ・ヤング4 1/4リッター（1939年）、タルボ・ラーゴ・フィゴニ・エ・ファラシT150C-SS（1939/7年）、ウィリス・ジープ（1951/41年）、コード（1937年）、MG TC（1948年）リンカーン・コンティネンタル（1941/40年）。

答：② フェラーリ166MMバルケッタ（1949年）

Point
MoMAでは、1953年に2回目の自動車企画展「10 Automobiles―車は20世紀の芸術展―」を開催している。こちらは第1回よりクルマが新しくなり、1950年から53年までのモデルで構成されていた。ちなみに第2回展にもフェラーリの名はない。

Question 064

1974年に発表されたこのクルマはなにか。

① ロールス・ロイス・カマルグ

② モンテヴェルディ375

③ アストン・マーティン・ラゴンダ

④ モニカ

Answer 064

解説
どれも個性的なクルマだが、答はアストン・マーティン・ラゴンダ。

1976年10月のロンドン・モーターショーに登場、ウィリアム・タウンズの直線的なボディやデジタル表記の計器は創意に溢れ、大きな注目を浴びた。アストンが販売ターゲットとしたのは、当時、進境著しかった中近東の富裕層だった。

答：③ アストン・マーティン・ラゴンダ

Point
1970年代には直線的なデザインのクルマが流行したが、このラゴンダは、その最も先鋭的な存在として記憶しておきたい。

Question 065

1975年にオイルショックに端を発する業績不振に悩むマセラティがある企業グループの傘下に入った。それはどこか。

① デ・トマゾ

② クライスラー

③ フェラーリ

④ シトロエン

Answer 065

解説
1973年10月に第四次中東戦争が勃発。これが引き金となって世界は第一次石油危機へと突入した。アメリカ、オランダ、ベルギーなどで最高速制限が行われると、それまで隆盛だったスーパースポーツカーの市場が崩壊、メーカーは存亡の危機に陥った。

伝統あるマセラティも例外でなく、デ・トマゾ傘下に入った。

答：① デ・トマゾ

Point
現在はフェラーリ傘下にあり安定しているが、1926年に誕生したマセラティの歴史は"波瀾万丈"だったことは記憶しておきたい。1968年にSM用エンジンの設計開発とその生産でシトロエンから資本を受け入れたが、やがてシトロエンの経営が悪化。そのため、マセラティも倒産寸前まで追い込まれた。75年末にその窮地からデ・トマゾが救い出したのだ。

Question 066

1959年にイギリスのBMCが発表した、後にミニと呼ばれることになる小型車は、横置きエンジンによる前輪駆動を使用し、巧みなレイアウトにより、小さな外寸ながら広い室内空間を得ることに成功した。以下の事柄で間違っているのはどれか。

① 設計者はアレック・イシゴニス
② 専用の850ccエンジンが開発された
③ 10インチ径のタイヤを採用
④ ゴム塊を用いたラバー・サスペンション

Answer 066

解説 ミニが開発された背景には石油危機があった。燃料消費量のクルマが急遽必要となったBMCは、モーリス・マイナーという優れた小型車を設計したアレック・イシゴニスを起用、まったく新しい小型車の設計を命じた。

設計は彼に一任されたが、BMCの首脳は、マイナー用のAタイプ850ccエンジンを使うことを唯一の条件とした。

答：② 専用の850ccエンジンが開発された

Point ミニの特徴である横置きに搭載したエンジンのサンプ内に収めたトランスミッションによる前輪駆動、全長3mほどの真四角なボディ四隅に位置する10インチ・タイヤ、巧妙なラバー・サスペンションなど、どれも広い室内空間を得るためのアイディアだ。制約は傑作の母か。

Question 067

アウディ・クワトロは高級な四輪駆動車として知られているが、これ以前にイギリスでオンロード用の4WD・2ドアクーペを生産したことがあるメーカーはどこか。

① アストン・マーティン
② ジェンセン
③ ベントレー
④ アルヴィス

Answer 067

解説

アウディ・クワトロが成功する以前、1967年にイギリスの高級車メーカーであるジェンセンが、インターセプターFFと名付けたフルタイム4WD車を発表した。

クライスラー製の6300ccV8を搭載するインターセプターをベースに、英国のファーガソン社製の4WDシステムを組み込んでいる。アンチロックブレーキや、パワーロック・デフなどを組み込み、全天候型高級車と謳っていた。

この意欲的な挑戦は高価格、少量生産車であったことで、320台を造っただけで終わった。　　**答：② ジェンセン**

Point

1980年、アウディが発表したクワトロは、一般道はもちろん、あらゆる路面での素晴らしいハンドリングと安定性を示してドライバーを驚かせた。ラリーでも圧倒的な速さを見せ、この成功に触発されて世界中にフルタイム4WD化が進むことになった。

Question 068

次に挙げるドイツの技術者、エドムント・ルンプラー、パウル・ヤーライ、ウニバルト・カムらに共通する先進的な技術開発はなにか。

① 独立式サスペンション
② ボディの空気抵抗の削減
③ 室内空間の拡大
④ エンジン性能の向上

Answer 068

解説 1900年代の初頭からクルマの空気抵抗を減らして、走行性能や経済性を高めようという研究が盛んに行われてきた。

特に盛んだったのはドイツで、エドムント・ルンプラー、パウル・ヤーライ、ウニバルト・カムらの"空力先駆者"たちが、多くの試みを繰り返していた。

答：② ボディの空気抵抗の削減

Point 1930年代になると、クルマは流線型の時代に入る。流行のひとつとして流線型がクルマの販売に利用された。

Question 069

ヘンリー・フォードは、T型を誰にでも運転しやすいように設計し、独自開発による変速機を採用した。以下の特徴で間違っているのはどれか。

①無段変速機

②2段遊星ギアを使っている

③三つのペダルを踏み換えるだけで前進2段、後退1段が可能

④ごく初期のモデルは、2本のレバーと2個のペダルを使う方式

Answer 069

解説　T型が誕生した当時の変速機にはシンクロメッシュ機構などなかったから、ギアチェンジは難しかった。これを克服すべくフォードは独自開発による、現代のオートマチックに似た2段遊星ギアを使った変速機を考案した。

三つのペダルを踏み換えるだけで前進2段、後退1段が可能だった。1909年ごろまでに造られた最初の1000台だけは、過渡期的な2本のレバーと2個のペダルを使う方式だった。

答：① 無段変速機

Point　初めてクルマを運転する人にも扱いやすいようにしたことがT型がヒットを後押ししたのだ。3ペダル方式が発売されて間もない1909年4月には3カ月分の生産量を受注したほどだ。

Question 070

パッカードは1940年モデルに画期的な装置を採用した。この装置とはなにか。

① パワーステアリング

② クーラー

③ カーラジオ

④ クルーズ・コントロール

Answer 070

解説
パッカードが1940年2月に、車内の冷房システムをオプションで設定した(オープンモデルにはなくクローズボディのみ)。パッカードは現在では存在しない会社だが、アメリカ屈指の高級車メーカーだった。

また、1938年にナッシュがアンバサダーにエア・コンディショナーを設定したが、これは当初エンジンの冷却水を熱源に空気を加温するヒーターシステムだった。

答:② クーラー

Point
1930年代にアメリカでは建物に設置するエアコンが登場したが、それはすぐに自動車にも応用された。ただしオプションで設定されてはいたものの、自動車に一般的に装着されるようになるのは1970年代になってから。

Question 071

1926年11月11日、アメリカのイリノイ州シカゴとカリフォルニア州サンタモニカを結ぶ、全長2347マイル（3777km）の国道が開通した。現在にも国指定景観街道（National Scenic Byway）としてその名を残す、この国道の名称は何か。

①ルート101
②ルート60
③ルート62
④ルート66

Answer 071

解説

　アメリカの国道66号線（U.S. Route 66）は、イリノイ州シカゴから、中西部・南西部のミズーリ、カンザス、オクラホマ、テキサス、ニューメキシコ、アリゾナを通り、カリフォルニア州サンタモニカを結び、南西部の発展を促すことに貢献した。

　アメリカで国道網の整備が提唱されたのは1923年のことだ。国道番号を60から始まる偶数とすることが決まり、国道60号線はバージニアビーチとミズーリ州スプリングフィールドを結ぶ路線に、続く62号線はシカゴとロサンゼルス間の国道の名となった。

答：④ ルート66

Point

　アメリカ大陸を横断することになるシカゴ〜サンタモニカ線は、覚え、言い、聞きやすいという理由から66と命名されたといわれている。

Question 072

ビートルの後継モデルを模索していたフォルクスワーゲンは、ゴルフ誕生以前に、ポルシェが設計したEA266と呼ばれる小型車の製作を検討した時期があった。以下に記した特徴で正しいのはどれか。

① ワンボックス型の小型車
② 直列4気筒エンジンをミドシップに搭載
③ 水冷の水平対向エンジンをリアに搭載
④ 4気筒縦置きエンジンによる前輪駆動

Answer 072

解説

ポルシェが設計したEA266と呼ばれるモデルは、1969年頃に試作車されている。2ボックス型の小型車だが、驚くべきことに1600ccクラスの直列4気筒エンジンを横倒しして、リアシートの下、すなわちミドシップで搭載していた。

生産化するために開発が続けられたが、EA266推進派のロッツ社長が退陣すると、新経営陣によって計画は破棄された。コストが嵩む上に整備性が悪かったのだ。

答:② 直列4気筒エンジンをミドシップに搭載

Point

今も昔もポルシェにとってVWは大切なクライアントのひとつだ。もしEA266が生産化されていたら、今のVWの繁栄はあるいはなかったかも知れない。大衆車はいつでもシンプルであってほしい。

Question 073

1966年12月にロータスが発表したヨーロッパの特徴で間違っているのはどれか。

①エンジンをミドシップに搭載
②前輪駆動車のルノー16用のエンジンと駆動系を使用
③FRP製ボディと鋼板製バックボーン・シャシーのレイアウト
④最初のモデルであるS1は英国のみで販売された

Answer 073

解説 1966年12月に登場したロータス・ヨーロッパは、比較的安価なミドシップ・スポーツカーとして大きな反響をもたらした。ヨーロッパ大陸で安く販売するために、ルノーがエンジンのチューニングまで担当し、最初のモデルであるS1は、フランスのロータスディーラー向け専用だった。

答：④ 最初のモデルであるS1はイギリスのみで販売された

Point ロータスはEで始まる車名を好んで用いる。Eleven、Elite、Elan、Esprit、Eclat、Eliseなど。ヨーロッパの車名の綴りはEuropeではなくEuropaで、ギリシア神話のフェニキア王の娘、のちのクレタ王妃のことである。

Question 074

1963年秋のトリノ・ショーでランボルギーニ350GTVがデビューした。以下の事柄で間違っているのはどれか。

① ランボルギーニ社にとって1号車
② ジャンパオロ・ダラーラが開発責任者
③ ジオット・ビッザリーニがエンジンを開発
④ ボディデザインはトゥーリング

Answer 074

解説

　　自らが理想とするグラントゥリスモの製作に乗り出したフェルッチョ・ランボルギーニは、若いジャンパオロ・ダラーラを開発責任者に据え、元フェラーリの技術者で当時はフリーランスとなっていたジオット・ビッザリーニにエンジンの開発を依頼。

　ボディデザインは、フランコ・スカリオーネが担当した。この350GTVと名付けられたモデルがランボルギーニ社にとって1号車となる。

答：④ ボディデザインはトゥーリング

Point

　　フェルッチョ・ランボルギーニは農業用トラクターや冷凍機、空調装置などを作るメーカーを一代で築き上げた実業家だった。彼はフェラーリを超える性能を備えながら洗練されたGTを求めた。

Question 075

1960年代の中頃、アメリカのフォードは、欧州でのイメージアップを図るためにレースへの参戦を計画、レース経験が豊富な有力自動車メーカーの買収を企てたが、最終的に不成功に終わった。その買収対象となったのはどこか。

① アルファ・ロメオ
② フェラーリ
③ ロータス
④ アバルト

Answer 075

解説　フォードが買収を試みたのはフェラーリで、エンゾとの交渉は契約寸前の所まで進んでいたが、エンゾの気持ちが変わり、ご破算になった。

そこでフォードは、莫大な資金と物量作戦を投じて自力でルマンを制覇することに方針を改め、ローラのエリック・ブロードレイとの協力関係のもと、市販車ベースのV8エンジンを搭載するレーシング・プロトタイプのフォードGTを造り上げた。

答：② フェラーリ

Point　フォードが"敵"として念頭に置いていたのは、買収話を断った常勝のフェラーリだった。だが、莫大な資金を投入してルマンに挑戦した。

Question 076

1949年7月、廉価で丈夫な多用途小型車としてシトロエン2CVが発売された。その"2CV"という名称の由来はなにか。

① 開発コードナンバー
② 発売時のエンジンの最高出力が2馬力だった
③ 課税馬力(課税するための区分)
④ 最低限のクルマという意味の愛称

Answer 076

解説 "CV"とはフランス課税馬力のこと。"CV"はcheval fiscalの略で、chevalは馬、fiscalは税務の、を意味する(力を表す馬力はcheval-vapeurで記号はch。vapeurは蒸気を意味し、つまりガソリン以前に主力だった動力源を指す)。2001年に廃止されるまでフランスには"vignette"という自動車税が存在した。エンジンのスペックで課税区分されており、"CV"はエンジン排気量と、車重を元に算出された定義上の馬力だ。

答:③ 課税馬力(課税するための区分)

Point 2CV、すなわち2馬力という名称から、このクルマの375ccエンジンが2psしかないと信じていたという笑い話がある。いくら軽量なクルマだからといっても、さすがに2psでは動かないだろう。最も馬力の少なかった最初期型でも9psあった。

Question 077

　1946年のパリ・サロンで、フランスのルノーは4CVを発表した。発売当初の排気量は760ccで19ps/4000rpmを発生していたが、1951年にはボアを0.5mm縮小して748ccとし、圧縮比も引き上げて21ps/4100rpmとした。この理由はいかにもフランスらしいが、それはなぜか。

①税金を下げるため

②オイル消費を少なくするため

③パワーアップのため

④レースで750cc以下クラスに収めるため

Answer 077

解説 問題に"フランスらしい理由"と記したので経済性を連想するが、初めてグランプリレースを開催したモータースポーツ先進国らしい理由。すなわちレースで750cc以下クラスに収めるためだった。

ルマンでの4CVを見ると、760cc時代の1949年に1台が初参加すると、50年には751〜1110ccクラスで24位に入っている。750ccで出場した51年には500〜750ccクラスで見事クラス優勝を果たしている。

答：④ レースで750cc以下クラスに収めるため

Point ルノー4CVに限らず、優れた小型大衆車はモータースポーツの裾野を広げることに貢献している。日本ではサニー1200やシビックがそうだ。

Question 078

1971年、アルファ・ロメオは、いかにも国営企業らしい新規事業として、ナポリ郊外に新会社のアルファスッドを設立した。アルファスッドについて述べたことがらで間違っているのはなにか。

① 貧困に悩むイタリア南部の経済格差解消と雇用確保のため
② ミラノ生産車とは別の新規の専用モデルを開発
③ アルファ・ロメオ生産車として初の前輪駆動を採用
④ ボディデザインはベルトーネが担当

Answer 078

解説

アルファ・ロメオは、貧困に悩むイタリア南部の経済格差解消と雇用確保を図るという国策を受けて、ナポリ郊外のポリミアーノ・ダルゴに進出、新会社をアルファスッド（スッドとはイタリア語で南の意）と名乗った。

アルファ・ロメオとして初めてFWDを採用し、水平対向4気筒SOHCの1200ccユニットを搭載する新規の専用モデルが開発された。

ボディのデザインおよび構造を担当したのはジウジアーロが率いるイタルデザインで、スタイリッシュで広い室内を持つ小型大衆車のアルファスッドを造り上げた。

答：④ ボディデザインはベルトーネが担当

Point

VWゴルフやシトロエンGSとともにアルファスッドは優れた小型車だった。この南工場の新設を機にアルファ・ロメオのエンブレムから"MILANO"の文字が消えた。

Question 079

1972年のルマンでは22年ぶりにフランス車(マートラ・シムカMS670)が優勝を果たした。22年前の1950年に優勝したメイクはなにか。

① ブガッティ

② タルボ・ラーゴ

③ プジョー

④ ルノー

Answer 079

解説 マートラ・シムカMS670の勝利から22年前の1950年にルマンを制したのはタルボ・ラーゴT26GSだった。

第二次大戦最後のルマンとなった1939年にはブガッティT57が勝っているが、優勝ドライバーの一人がピエール・ヴェイロン、現代のブガッティ16.4に名を残すあのヴェイロンだ。

答：② タルボ・ラーゴ

Point 自国の伝統あるレースながら、永年にわたって外国勢に勝利をさらわれていたフランス人は、待ちに待ったフランス車とフランス人の優勝にさぞかし溜飲を下げたに違いない。

Question 080

トヨタ自動車初の生産型乗用車としてトヨダAA型が発売された昭和11年、日本初の本格的サーキットが完成した。そのサーキットはどこに造られたか。

① 東京・晴海の埋め立て地
② 東京・洲崎の埋め立て地
③ 神奈川・多摩川の河川敷
④ 神奈川・根岸の競馬場内

Answer 080

解説　昭和11年5月9日、多摩川の神奈川県側の河川敷に、日本初の本格的サーキットである、多摩川スピードウェイが完成した。

それ以前にも自動車レースを行う仮設のサーキットは存在したが、藤本軍次、報知新聞の金子常雄らが日本スピードウェイ協会を設立し、長径450m・短径260m・1周1.2km・幅20mのオーバルコースを完成させた。3万人収容のスタンド席が設けられていた。

答：③ 神奈川・多摩川の河川敷

Point　多摩川スピードウェイのスタンドの痕跡は現在でも残っている。東急東横線が多摩川を渡る橋脚の脇だ。若き日の本田宗一郎もここでレースをしている。

Question 081

1998〜99年にかけて、自動車会社同士の企業買収が盛んに行われた。なかでも目立った動きを見せたのが、フェルディナント・ピエヒ率いるフォルクスワーゲン・グループで、彼らがBMWと繰り広げた、ある自動車会社への買収合戦は有名だ。このとき両社のターゲットとなった自動車会社はどこか。

①ランボルギーニ

②ロールス・ロイス

③ランドローバー

④アストン・マーティン

Answer 081

解説
VWグループは、BMWとの間でロールス・ロイス争奪戦を繰り広げた。ロールス・ロイス社の売却を決めた親会社のヴィッカーズは、BMWとの協議を重ねたすえ売却を決めたが、VWが横やりを入れたことでこの決定が覆り、VWが買収することが確定した。

だが、それで決着することはなく、紆余曲折の末、ヴィッカーズは、ロールス・ロイスのブランドとロゴマークの使用権をBMWに売却。VWにはクルーに本拠を構える会社と工場、そしてベントレーのブランドを引き渡した。

答：② ロールス・ロイス

Point
これにより、1931年にロールス・ロイスに買収されて以来、常にRRの陰に隠れがちであったベントレーが再び独立を果たしたわけだ。

Question 082

　事実上史上初のモータースポーツ・イベントは、1894年に開催されたパリ～ルーアンだ。速さを競い合うのではなく、信頼性、安全性、軽便性などを競わせるトライアルの形をとった。このイベントで、真っ先にゴールしながら、取り扱いが簡便でなく、これと同じ動力源を持つクルマの完走率が低かったとの理由で、2位に繰り下げられたクルマの動力源はなにか。

①ガソリン・エンジン

②蒸気機関

③電気車モーター

④圧縮空気

Answer 082

解説

2位に繰り下げられたのは蒸気機関である。その理由は、ド・ディオン・ブートンがドライバーのほかにボイラーマンを必要として簡便でなく、また蒸気車全体の完走率も低かったからだ。

これに対しガソリン車はドライバーひとりで動かせる簡便さに加えて、プジョーで7台中5台、パナール・エ・ルヴァッソールで5台中4台という高い完走率を示し、信頼性と耐久性を立証したのである。　　**答：② 蒸気機関**

Point

ド・ディオン伯爵自身の駆るド・ディオン・ブートン蒸気自動車は、ガソリン車に比べかなり俊足で、平均速度は18.7km/hだった。

トルクの強いスチームエンジンのゆえに、特に登り坂では他の追随を許さなかった。モータースポーツはこうして始まった。

Question 083

　ホンダF1は1965年のメキシコGPで、参戦2年目にして初優勝を遂げた。同時にそれはホンダ以外のあることにとっても、初めての勝利であった。それに該当しないのはどれか。

①アメリカ人ドライバーにとって初優勝

②横置き12気筒エンジン搭載車にとって初優勝

③履いていたタイヤメーカーにとって初優勝

④アジアのメーカーにとって初優勝

Answer 083

解説
当時のF1GPの中で新参者のホンダは他のチームには見られない体制で戦っていた。たとえばドライバーはアメリカ人だったしエンジンは横置き12気筒という特異なレイアウト、履いていたタイヤはやはり新進メーカーのグッドイヤーであった。

ドライバーのリッチー・ギンサーはこのレースが初優勝だが、アメリカ人ドライバーとしての勝利は以前に例がある。1961年にチャンピオンになったフィル・ヒルである。もちろんこれ以前にホンダ以外にF1に参戦したことのあるアジアの自動車メーカーなどない。

答：① アメリカ人ドライバーにとって初優勝

Point
アメリカとF1GPは馴染みがないように思われるが、1950年に現在のグランプリが施行された当初にはインディー500マイルがF1の1戦に組み入れられていたほどである。著名なドライバーもフィル・ヒルのほかにダン・ガーニー、マリオ・アンドレッティなどもF1優勝の経験の持ち主。もうひとつ、翌66年から80年代までF1を席巻するグッドイヤー・タイヤの初優勝がこのときホンダF1によってもたらされたということは覚えておくべきだ。

Question 084

1957年にトヨペット・クラウンは、日本車にとって第二次大戦後に初めて、海外のモータースポーツ・イベントに挑戦した。クラウンが出場した全走行距離が1万6000kmにもおよぶ過酷な耐久ラリーはどこで行われたか。

① オーストラリア
② イギリス
③ アメリカ
④ ブラジル

Answer 084

解説
トヨタは1台のトヨペット・クラウンをオーストラリア一周ラリーに派遣した。シドニーをスタートし、オーストラリア大陸を右回りに1周してメルボルンにゴールする1万6000kmの耐久ラリーだ。

この過酷なラリーで、クラウンは見事完走を果たし、52台中の総合47位。車、ドライバーがオーストラリア以外から選ばれる外国賞で3位を獲得した。

豪州ラリーはあまりに過酷であることから、1958年限りで中止された。

答：① オーストラリア

Point
1958年に、"桜号"と"富士号"と名付けられた2台のダットサン210型で参加した日産は、初めての国際ラリー参加にもかかわらず、赤い"富士号"がクラス優勝（総合25位）、"桜号"がクラス4位と健闘している。

Question 085

　第1回日本グランプリのメインレースには、欧州からドライバーとクルマが招聘された。メインの国際スポーツカーレースは、ピーター・ウォアがドライブする、日本人には聞き慣れぬ名の車高が極端に低いクルマが優勝した。それはどれか。

①フェラーリ250GT SWB
②ロータス23
③ジャガーDタイプ
④アストン・マーティンDB4GTザガート

Answer 085

解説 80年代のモータースポーツファンなら、ジョン・プレイヤー・スペシャル・カラーに塗られたロータス・チームの敏腕マネジャーが誰であるかは知っているだろう。

その関係を知っていれば、当時の日本グランプリなど知らなくても推測がつくはずである。　**答：② ロータス23**

Point 第1回日本グランプリの出場者を見ると、思わぬ大物が参加しているのがわかって驚かされることがある。ピーター・ウォアのほかにもフシュケ・フォン・ハンシュタインも出場していた。車はもちろんポルシェ356カレラである。

Question 086

　1976年、富士スピードウェイにおいて、日本初のF1レースが開催された。決勝当日は激しい雨が降り止まぬなかレースは始まった。とてもレースができる状況ではないと、チャンピオンの懸かったレースながら、2周走っただけで自らリタイアしたドライバーはだれか。

① ジェイムズ・ハント
② ジル・ヴィルヌーヴ
③ マリオ・アンドレッティ
④ ニキ・ラウダ

Answer 086

解説
ニキ・ラウダはこの年のドイツGPで事故に遭って生死の境をさまよったあげく奇跡のカムバックを果たし、なんとチャンピオン争いをするまでに至った。しかし事故以来、安全に関して人一倍慎重な態度をとるのは当然で、この"F1GP in Japan"は2年連続チャンピオンの名誉を捨ててまでレース・ボイコットの形をとったのは印象的だった。

その後もグランプリの安全問題に関して骨身を惜しまぬ努力を払った。

答：④ ニキ・ラウダ

Point
日本でのF1レースは70年代に2回開催された。雨の中でレースをすることの成否問題や観客を巻き込む事故発生など、いずれも大きな禍根を残したレースだった。またなぜ最初のF1レースが"日本GP"でなく、"F1GP in Japan"と呼ばれなければならなかったか、知っておくとよいだろう。

Question 087

1976年のレース界のみならず、自動車界での最大の驚きは、前輪が4輪、後輪が2輪、合計6輪を持つグランプリカーがレースに参戦し、好成績を得たことだろう。そのグランプリカーを造ったコンストラクターはどこか。

① ロータス
② ウィリアムズ
③ ティレル
④ マートラ

Answer 087

解説
ティレルのモデル名は001から始まりモデルごとに数が増えていくのだが、このモデルのみP34という異なった呼び名が付いた。それはP=プロジェクトといったように、あくまで実験的な位置づけの強いマシーンだったが、実戦でも充分戦えることから70年代中頃には主力マシーンとなって活躍した。

前2輪には小径タイヤを履き、前面投影面積の少なさからハイスピード・サーキットでは強さを発揮、76年スウェーデンGPでは1-2フィニッシュを果たした。

答：③ ティレル

Point
60～70年代はタイヤ性能を補うためにさまざまな技術が出現した。69年の4WDも動力伝達を4輪に分けることだったし、P34の前2輪配置もそもそもは空気抵抗の減少とともに、フロントのコーナリングフォースを高めることも目的だった。6輪F1といえば、後輪を4本にしたマーチ2-4-0というのもあったが、こちらはレースを走ることはなかった。

Question 088

1903年にパリーマドリッド・レースの事故で、創業者兄弟の一人を失ったことでレースから撤退したが、1977年に1500cc V6エンジンのターボ付きF1で復帰するメーカーはどこか。

① ダイムラー（ダイムラー・ベンツ）
② ルノー
③ プジョー
④ アルファ・ロメオ

Answer 088

解説 ルノー兄弟によってルノー社が設立されたのは1899年のことだ。会社が成長過程にあった1903年に、レースで創業者の一人を失ったことは大きな打撃だったことは間違いない。

ワークスチームでのレース活動を中止、これ以降、レース活動はプライベートチームが担うことになる。

答：② ルノー

Point 1977年に1.5リッターV6エンジンのターボ付きF1しかり、ルノーはつねにグランプリレースの節目に登場していることは記憶していたい。

Question 089

1906年に史上初となるグランプリレースが開催された国はどこか。

① ドイツ
② イタリア
③ イギリス
④ フランス

Answer 089

解説
　史上初のグランプリレースは1906年にフランスのルマンで開催された。
　優勝したのは4気筒1万2986ccのエンジンを搭載したルノーAK 90CVに乗るフェレンク・シジズ。2日間にわたり総計1236kmのレースでの優勝車平均速度は101.195km/hだった。　　　　　**答：④ フランス**

Point
　主催したのは、この年に発足したACO（フランス西部自動車クラブ）で、レース名はACOグランプリという。これが現代に続くフランス・グランプリの始祖となる。

Question 090

1935年7月のドイツ・グランプリでは、圧倒的な強さを誇るメルセデスやアウトウニオンのドイツ勢を敵に回して、旧式で非力だったのにもかかわらず、アルファ・ロメオ・ティーポBに乗るヌヴォラーリが勝利した。この時、ドイツ勢の優勝を信じて疑わなかった主催者に対して、ヌヴォラーリがとった行動はなにか。

① イタリア国旗が用意されていないことを知って、持参の国旗を取り出した

② 観客からイタリア国旗を借りて、コースを1周した

③ 表彰式に出ないで帰ってしまった

④ イタリア国歌が用意されていないことを知って、持参のレコードを取り出した

Answer 090

解説

メルセデス・ベンツとアウトウニオンのドイツ勢が圧倒的なグランプリ・レース。それもドイツ勢にとってはホームコースのニュルブルクリングだから、主催者側の誰も旧態依然で非力なアルファ・ロメオ・ティーポB（P3）が優勝するなど、微塵も思っていなかっただろう。

表彰式で使うイタリア国歌のレコードが用意されていないことを知ったヌヴォラーリは、トランクから持参のレコードを取り出して、オーガナイザーに差し出したといわれている。

答：④ イタリア国歌が用意されていないことを知って、持参のレコードを取り出した

Point

ニュルブルクリングに集まった観衆やドイツ高官が見守る中、アルファに乗るヌヴォラーリが激しいレースの末ゴールに飛び込んだときには、会場は凍りついたに違いない。

Question 091

1961年のF1オウルトン・パークGP（英国、ノンタイトル戦）で、ファーガソン-クライマックス・プロジェクト99が優勝した。以下の事柄で間違っているのはどれか。

① アストン・マーティン製エンジンを搭載
② 四輪駆動のグランプリカーとして初勝利
③ ドライバーはスターリング・モス
④ グランプリレース史上で最後にレースに出走したフロントエンジン車

Answer 091

解説 現在は存在しないが、かつてのF1レースにはノンタイトル戦があった。チャンピオンシップ・ポイントが懸からないレースではあったが、4WDのグランプリカーとして初めての勝利を挙げている。レースが大雨のなかで行われたことが有利に働いたと言われる。

ファーガソンは四輪駆動システムのスペシャリストで、自製のシャシーのフロントにクライマックス製のFPFエンジンを搭載していた。

答：① アストン・マーティン製エンジンを搭載

Point これがグランプリレースでは最後にレースに出走したフロントエンジン搭載車だった。時代はすでにミドエンジン時代に突入していたのだ。

Question 092

コスワースDFVエンジンについて述べた特徴で間違っているのはどれか。

① シャシーの一部にも使える構造になっていた
② ロータスのコリーン・チャプマンが画策し、フォードが援助
③ F1以外に使われたことはなかった
④ F1で通算155勝の最多勝利記録をもつ

Answer 092

解説　67年オランダGPでロータス49に載って登場したコスワースDFVは画期的なF1エンジンだった。軽量、ハイパワー、トルク特性にも優れ、これを得たチーム、ドライバーは意のままに勝利を手にした。

エンジンブロック自体がシャシー剛性を受け持てる設計になっていたため、シャシー後部のサブフレームは省略でき、その結果、軽量／ハイパワー／扱いやすいという3拍子揃ったマシーンが続々と輩出されたのである。

その活躍はF1のみならず、耐久レース、インディーにまで及んだ。　**答：③ F1以外に使われたことはなかった**

Point　コスワースの優れた技術力もさることながら、ロータス／コーリン・チャプマンという優れたコンストラクター、フォードの資本力が一体となって初めて、こうした傑作エンジンが実現できたことも忘れてはならない。

Question 093

ディーゼル・エンジンの排ガス後処理装置に、尿素SCR触媒システムと呼ばれるものがある。これは尿素水溶液を触媒上流に噴射して排ガス中の有害成分を処理するものだが、低減できるのはどれか。

① 窒素酸化物（NOx）
② 炭化水素（HC）
③ 二酸化炭素（CO_2）
④ 粒子状物質（PM）

Answer 093

解説

尿素SCRシステムは窒素酸化物を浄化する技術で、SCRはSelective Catalytic Reduction（選択触媒還元）の略。

NOxの排出が多いディーゼル車に用いられ、日本では日産ディーゼルが実用化している。そのFLENDS（Final Low Emission New Diesel）は、超高圧燃料噴射システム（コモンレール式燃料噴射装置等）と、尿素SCRシステムを組み合わている。

アンモニア（NH_3）が窒素酸化物（NOx）と化学反応することで窒素（N_2）と水（H_2O）に還元されることを応用している。尿素水をタンクに入れて搭載し、これを排ガス中に噴射することによりアンモニアガスを発生させ、アンモニアガスがNOxを還元しN_2（窒素ガス）とH_2O（水蒸気）に変える。

答：① 窒素酸化物（NOx）

Point

二酸化炭素の排出量が少ないことからディーゼル・エンジン搭載車が増えつつあり、その排ガス対策として、尿素SCRシステムを採用するメーカーが今後は多くなるはずだ。

Question 094

近年、急速に装着率が上がったヘッドランプの形式にディスチャージド・ヘッドランプ（HID：High Intensity Discharge lamp）がある。このランプの特徴として正しくないものはどれか。

① 従来のハロゲンランプに比べ消費電力が少なく寿命も長い
② 発光管の内部にキセノンガスを封入している
③ 配光制御が難しく、遠くまで照らすのが困難
④ 電極間での放電現象により発光する

Answer 094

解説 キセノンヘッドランプの別名。発光管の内部に従来から使われていたハロゲンガスではなく、キセノンガスを封入し、発光源にフィラメントを使わず、2個の電極間でのアーク放電を利用するディスチャージバルブを採用している。

従来のハロゲンヘッドランプに比べ、3倍ほどの明るさと2倍の寿命を持つことが特徴で、発光源に振動による断芯がない。配光制御が比較的容易で遠方まで照らすことができる。

答：③ 配光制御が難しく、遠くまで照らすのが困難

Point ディスチャージド・ヘッドランプの採用によって明るさが増すため、対向車へのまぶしさを防ぐために、ヘッドランプ光の上下照射角度を一定に保つシステムでオートレベリングと組み合わせることが多い。

Question 095

1999年10月1日以降、日本でもSI（国際単位系）表示が必要となり、エンジンの出力もSIで表示されるようになった。最大トルクが100Nmと記されていたとき、それは従来のkgmに換算すると下記のどれにあたるか。

① 9.8
② 10.2
③ 13.5
④ 15.8

Answer 095

解説
SI表示とは国際的に統一された計量単位。計量単位の国際的な統一が必要との考え方から誕生した。SI表示の導入によって、計量単位が変わる場合があり、クルマの場合はエンジン出力がpsからkWに、トルク表示がkgmからNmに変わり、従来と異なった数値に変わる。

Nm＝kgm×9.80665の換算式で計算すれば、10.197となるから、小数点以下2位を四捨五入して10.2となる。

答：② 10.2

Point
トルク表示はkgmからNmに変わり、その換算式はkW＝ps×0.7355。SI表示では排気量（cc）は、数値はそのままで単位のみがcm^3もしくはリットルに変わる。

Question 096

ハイブリッドカーに用いられる回生ブレーキについて述べた事柄で、間違っているのはどれか。

① ブレーキ時のエネルギーをバッテリーの充電に活用する機構
② エンジンブレーキが効いているときのみに作動
③ 動力源である電動モーターを発電機に変えて、車体の慣性エネルギーを電力に転換
④ 電気自動車のエネルギー効率向上と航続距離延長に貢献

Answer 096

解説
回生ブレーキは制動エネルギーをバッテリーの充電に活用するシステム。電車はもとより、ハイブリッドカーなどの電動モーターを動力源とする自動車に備えられている。

フットブレーキやエンジンブレーキが効いているとき、動力源として用いている電動モーターを発電機に変えて、車体の慣性エネルギーを電力に転換しバッテリー内に充電する。

答：② エンジンブレーキが効いているときのみに作動

Point
ブレーキで捨ててしまうエネルギーを無駄にすることなく、再びバッテリーに蓄え、またエネルギーとして使うわけだ。電気自動車のエネルギー効率アップに役立ち、航続距離も延びる。

Question 097

エンジンオイルの容器にSAE 5W-40と記されていた。これはSAE（アメリカ自動車技術者協会）が定めた粘度分類だ。WはWinterの略で、5Wは-30℃時の粘度を、40はある温度の時の粘度を示しているが、それは何度か。

① 真夏の平均気温
② 100℃時
③ エンジンが暖機を終えたときの冷却水の温度
④ 120℃時

Answer 097

解説　SAE粘度分類では温度によるオイルの粘度を表示している。オイルは、温度が上がると軟らかくなり、下がると硬くなる性質がある。

オイル缶にSAE 5W-40や10W-30と記されていたら、WはWinter（冬期）には5Wならマイナス30℃、10Wならマイナス20℃時の粘度を示し、。40や30は100℃の時の粘度を意味している。SAE粘度記号では、0W（－40℃）から5飛びで25W（－15℃）まで、20から10飛びで50まである。

答：② 100℃時

Point　SAE 5W-40や10W-30などはマルチグレード・オイルといい対応範囲が広い。このほか、SAE20やSAE30などのシングルグレードオイルがある。クルマの使用状況を考え、エンジンの性能を充分に発揮させるためには、最適な粘度のオイルを使用することが重要だ。

Question 098

　直噴ガソリン・エンジンでは燃料を燃焼室内に直接噴射するが、以下の事柄で間違っているのはどれか。

① 層状燃焼が容易となる

② 低負荷領域で極端なリーンバーン運転が可能

③ 燃費は改善しないが高出力が可能

④ 燃焼室内に燃料を噴射するために燃焼室の温度が下がる

Answer 098

解説　シリンダー内に空気だけを吸入させ、シリンダーヘッドに装着された高圧噴射ノズルから直接、燃料を燃焼室内に噴射するため、層状燃焼が容易に可能となるほか、低負荷領域で極端な希薄燃焼が可能となるために燃費が改善する。

　また、シリンダー内に噴射されたガソリンが気化する過程で、周囲から熱を奪うことで燃焼室の温度が下がり、ノッキングが発生する限界が上がるため、出力の向上が期待できる。　**答：③ 燃費は改善しないが高出力が可能**

Point　直噴ガソリン・エンジンはメルセデス・ベンツが1950年代の中頃、コンペティションカー用にエンジンに出力を向上させるために装着。その後、市販スポーツカーの300SLに用いたのが量産車としては初めての装着例だ。

Question 099

　自動車では、燃費を向上させるためや、衝突安全基準をクリアするため、重量の削減が活発に行われている。量産車に使われている軽量素材で、リサイクルしにくいことから使われなくなった素材はなにか。

① アルミニウム

② マグネシウム

③ FRP

④ 高張力鋼板

Answer 099

解説

アルミニウムやマグネシウムなどの軽金属は、軽量でリサイクルができることから、クルマに広く使われるようになり、今後も使用量は増大するはずだ。

これに対して、非金属の軽量素材として持てはやされたFRP（繊維強化プラスチック）は、リサイクルが難しいことから使われることは少なくなった。

答：③ FRP

Point

クルマの重量は燃費や動力性能などに直接かかわるため、ボディなどに軽量素材を使うことは古くから行われている。近年ではCO_2の排出量削減のために、積極的に軽量素材が用いられるようになったが、もうひとつ重要なことはリサイクルできる素材でなければならないことだ。

Question 100

ガソリン・エンジン車の排出ガス浄化装置として、現在、最も一般的な装置である三元触媒は、炭化水素と一酸化炭素、窒素酸化物の3物質を酸化・還元反応によって同時に除去する。これにはレアメタルが多く使われているが、以下の物質で三元触媒の主成分でないのはどれか。

① プラチナ
② パラジウム
③ チタニウム
④ ロジウム

Answer 100

解説
　　三元触媒は、排出ガス中の炭素・水素・酸素の量的バランスが取れている場合のみに機能するため、排気側のO_2センサーや吸気側のエアフローセンサーからの情報をもとに、エンジンの空燃比を常に理論空燃比近くに保たなければならない。電子制御技術が発達したことで実現できたシステムだ。

　三元触媒にはプラチナ（Pt）、パラジウム（Pd）、ロジウム（Rh）などの稀少金属が使われている。チタニウム（Ti）も稀少金属だが、クルマの場合は触媒としてではなく、耐食性が高く軽量であることから、コンロッドやエグゾーストパイプなどの部材として使われている。

答：③ チタニウム

Point
　　触媒としての消費量が多いプラチナは、南アフリカに偏在しており、日本も南アフリカからの輸入に依存している。宝飾品にも使われるほどプラチナは稀少で高価であるため、比較的リサイクルが進んでいる。自動車用触媒からの回収も行われているが、中古車が多く海外に輸出していることから、国内でリサイクルされないことも多い。

参考文献

「CAR FACTS AND FEATS」	Guinness Superlatives刊
「The Beaulieu Encyclopedia of the Automobile」	The Stationery Office刊
「自動車の世紀」	折口 透 著、岩波新書
「世界の自動車」	奥村正二 著、岩波新書
「自動車ガイドブック」	社団法人 日本自動車工業会 発行
「トヨタ博物館紀要」	トヨタ自動車株式会社 トヨタ博物館 編集発行
「日本のショーカー 1, 2, 3, 4」	高島鎮雄＋菊池憲司著　二玄社
「CG45＋」	二玄社
「Car Graphic」	二玄社
『日本自動車工業史年表』(CG連載)	青山順著
『人間自動車史 (CG連載)』	高島鎮雄著
「Super CG」	二玄社

ほか、自動車について記された様々な刊行物、メーカー広報資料を参考にさせていただきました。

CAR検 (かーけん)
自動車文化検定公式問題集 (じどうしゃぶんかけんていこうしきもんだいしゅう)
1級 (いっきゅう) 全100問 (ぜんひゃくもん)

初版発行	2008年4月20日
著者	自動車文化検定委員会
発行者	黒須雪子
発行所	株式会社二玄社
	〒101-8419
	東京都千代田区神田神保町2-2
営業部	〒113-0021
	東京都文京区本駒込6-2-1
	電話03-5395-0511
URL	http://www.nigensha.co.jp
装幀・本文デザイン	黒川デザイン事務所
印刷	株式会社　シナノ
製本	株式会社　積信堂

JCLS (株)日本著作出版権管理システム委託出版物
本書の無断複写は著作権法上の
例外を除き禁じられています。
複写希望される場合はそのつど事前に
(株)日本著作出版権管理システム
(電話03-3817-5670　FAX03-3815-8199)の
了承を得てください。
Printed in Japan
ISBN978-4-544-40028-1

CAR検の本

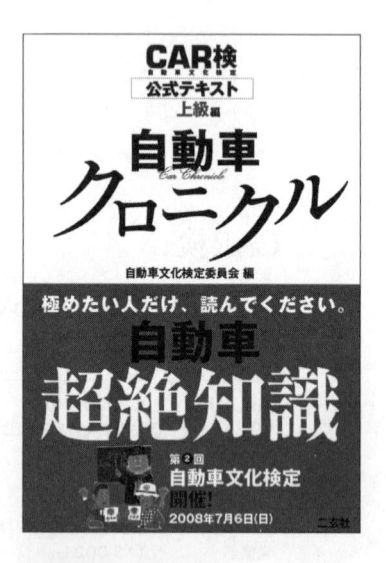

**CAR検
公式テキスト 上級編
自動車クロニクル**

極めるための1冊

1886年のガソリン自動車誕生から2007年のトヨタvsGMの頂上決戦まで、自動車の歴史が丸ごと詰まっています。メカニズム、デザイン、モータースポーツなど、自動車に関するすべての超絶知識を年代別に整理。CAR検受験者なら、必携の教科書です。

定価 1890円（税込）

CAR検
公式テキスト
初級編

初心者にもわかりやすい構成

クルマに詳しくない人でも、一から学べる丁寧なつくり。読み物としても楽しめます。それでいて、上級者も基礎をおさらいするのに最適な、充実した内容です。

ヒストリー(世界編)：高島鎮雄／ヒストリー(日本編)：徳大寺有恒／メカニズム：熊野学／デザイン：大川悠／モータースポーツ：西山平夫／ドライビングテクニック&安全：清水和夫／環境&エネルギー：舘内端
定価 1680円 (税込)

第1回
CAR検(2・3級)
解答&解説

傾向と対策を知るために

2007年10月開催の第1回CAR検の問題をすべて収録し、解答と詳細な解説を掲載しました。傾向と対策を知るにはもってこいの一冊です。問題を解いてみて弱点がわかれば、効率的に勉強ができるはずです。

定価 1260円 (税込)